...LIOTHÈQUE DES ACTUALITÉS INDUSTRIÉLLES. — N° 38

Ed. LIPPMANN

AF410788

Petit Traité

DE

Sondages

DEUXIÈME ÉDITION

Avec cinq planches hors texte

PARIS

Librairie Bernard TIGNOL

PUBLICATIONS DE LA

LIBRAIRIE de l'ÉCOLE CENTRALE des ARTS et MANUFACTURES

53 bis, quai des Grands-Augustins

BIBLIOTHÈQUE DU MINEUR

PETIT TRAITÉ DE SONDAGE

PETIT TRAITÉ DE SONDAGE

ÉTUDES ET RECHERCHES SOUTERRAINES

PAR

SONDAGES

A DE FAIBLES PROFONDEURS

PAR

Édouard LIPPMANN

Ingénieur civil

DEUXIÈME ÉDITION

PARIS

LIBRAIRIE BERNARD TIGNOL

PUBLICATIONS DE LA

Librairie de l'École Centrale des Arts et Manufactures

53 bis, QUAI DES GRANDS-AUGUSTINS, 53 bis

AVANT-PROPOS

Les sondages d'études ou de recherches à peu de profondeur n'exigent, dans la plupart des cas, qu'un peu de pratique qui s'acquiert rapidement, quand on peut suivre un travail de ce genre pendant quelques heures. Mais quand on a l'intention d'en faire un soi-même ou d'en diriger l'exécution, on n'a pas toujours l'occasion, ou la possibilité de visiter un chantier, dans lequel on s'initierait à la manœuvre de chacun des instruments qu'il faut mettre en œuvre, et où l'on apprendrait la manière de se tirer des petites difficultés qui se présentent quelquefois dans le cours de l'opération. C'est pourquoi nous faisons ce petit traité, qui, mis entre les mains des personnes complètement étrangères à l'art du sondage, leur permettra, à l'aide des planches qui l'accompagnent, de reconnaître tout de suite les différentes pièces qui entrent dans la composition d'un matériel de *sondage, et leur fera suivre, pas à pas, toutes les manœuvres successives à exécuter pour mener le travail à bonne fin.*

Nous combattrons ainsi victorieusement, nous l'espérons du moins, l'appréhension qui s'oppose trop souvent aux intéressantes recherches qu'on serait tenté d'entreprendre, mais devant lesquelles on recule, parce que le bruit qui se fait autour des grands travaux, les comptes-rendus qui se plaisent à grossir les faits, et à présenter comme colossale la moindre entreprise de ce genre, conduisent à laisser croire que la recherche d'une nappe artésienne, par exemple, entraîne infailliblement à des dépenses telles que, seules, une riche municipalité, une grande compagnie industrielle ou financière, etc., peuvent prétendre à la réalisation d'un semblable projet.

C'est surtout en généralisant l'emploi de la sonde, en facilitant, à de faibles profondeurs, des découvertes souvent aussi précieuses que celles qu'on va chercher très loin dans la terre, que nous comptons arriver à faire tomber ce préjugé, et c'est dans ce but que nous restreignons ici notre cadre à la pratique des petits sondages, qui pourront toujours s'exécuter sans avoir à faire appel au concours d'ouvriers spéciaux.

C'est ainsi que nous nous exprimions dans l'avant-propos du petit livre que nous avons écrit il y a quelques années.

Aujourd'hui notre programme reste le même. Cependant l'accueil fait à notre « Petit traité de Sondage », et les demandes qui se répètent sans cesse depuis l'épuisement de sa première édition, nous prouvent que le sujet dont nous nous occupons intéresse un bien plus grand nombre de lecteurs que nous n'avions osé l'espérer tout d'abord.

C'est pourquoi dans cette seconde édition, sans vouloir sortir du cadre restreint que nous nous sommes primitivement imposé, nous avons pensé que, pour quelques-uns, il serait agréable de pouvoir se faire une idée de ce qui se pratique dans les sondages profonds, de connaître les différents systèmes ou procédés qui sont mis en usage, et, enfin, de suivre les diverses étapes qui ont été parcourues par l'emploi de la sonde depuis son origine jusqu'aux temps actuels.

Mais, pour éviter toute confusion, nous commencerons par ne nous occuper exclusivement que de ce qui concerne les sondages de faible profondeur, c'est-à-dire, nous le répétons, de ceux qui *peuvent toujours s'exécuter sans avoir à faire appel au concours d'ouvriers spéciaux.*

C'est ce qui fera l'objet des deux premières parties ; la troisième partie ne viendra alors qu'à titre de supplément, pour servir d'aliment au désir de ceux de nos lecteurs qui aimeront à être mieux initiés à ce qui constitue réellement l'art du Sondeur, dont les applications s'étendent et se popularisent chaque jour de plus en plus.

La première et la seconde partie resteront donc le véritable guide pratique qu'était l'ancienne édition, avec les modifications de détails qui résultent inévitablement des enseignements fournis par une plus vieille expérience, et avec les améliorations enseignées par le progrès.

Ainsi, comme précédemment, dans la première partie,

nous traiterons de l'outillage du sondeur et nous donnerons, au fur et à mesure, le mode d'emploi de chaque
instrument que nous décrirons ; la deuxième partie passera progressivement en revue les différentes façons
d'installer et de manœuvrer l'appareil de sondage, suivant les diverses limites que nous aurons à atteindre
en profondeur.

Pour compléter cette deuxième partie, nous présente-
rons, à la fin de l'ouvrage, une série d'états de compositions de sondes, à l'aide desquels on pourra, en sup-
primant les pièces qu'on jugerait inutiles, ou en augmen-
tant le nombre de celles qu'on trouverait insuffisantes,
établir soi-même le devis approximatif de l'appareil le
mieux approprié au travail auquel il est destiné. Les
planches qui viendront à la suite, et aux figures desquelles
notre texte renvoie le lecteur, chaque fois qu'il est nécessaire, aideront à comprendre les formes et dispositions
des outils décrits, les manœuvres à exécuter, les installations à faire, et l'établissement des devis d'appareils.

La troisième partie, dont nous avons déjà tracé le programme, débutera par un examen rétrospectif de l'emploi de la sonde et des divers auteurs qui s'en sont occu-
pés, depuis des temps assez reculés, jusqu'au premier
quart du dix-neuvième siècle, époque à laquelle remonte
le premier essor véritable de l'art du sondeur. Elle continuera, toujours sous forme d'historique, à faire l'examen
des méthodes anciennes et modernes qui ont été successivement imaginées et perfectionnées. Nous en donnerons
une description sommaire, que nous nous attacherons à
rendre aussi compréhensible que possible ; car, n'ayant
pas la prétention de faire un traité complet de sondage,
nous manquerions certainement notre but, si nous

exposions le lecteur à se perdre dans la choix à faire des
outillages dont il serait tenté de se pourvoir. A cet effet,
nous croyons indispensable d'exclure, pour les outils ou
appareils dont il est question dans cette troisième partie,
les planches de dessins, qui faciliteraient certainement
notre tâche, mais dont la vue inciterait à trouver avantageuse, nécessaire, l'acquisition de tels outils, souvent
d'un prix élevé, dont l'emploi s'impose pour les recherches à grandes profondeurs, mais dont la construction
est souvent irréalisable pour les petits sondages, et dont
on n'a que faire pour les travaux faciles qui font le véritable objet de notre ouvrage.

PETIT TRAITÉ DE SONDAGE

PREMIÈRE PARTIE

COMPOSITION DE LA SONDE

Quel que soit le but qu'on se propose, quelle que soit la profondeur qu'il s'agit d'atteindre, ou le diamètre qu'il y a intérêt à donner au forage, la sonde se compose toujours :

1° Des outils de forage proprement dits et des outils de curage ;

2° Des tiges de sonde ;

3° Des outils et engins de manœuvre ;

Puis comme accessoires, mais souvent indispensables :

4° Des tubes employés pour soutenir les terrains ébouleux, pour servir de conduits aux eaux souterraines qu'on veut utiliser, ou encore pour guider la sonde dans certains emplacements spéciaux ;

5° Des outils propres à réparer les accidents qui peuvent arriver à la sonde.

Les outils, les tiges, les tubes auront toujours la même forme ; leur force et leurs dimensions varieront seules suivant l'importance du travail. Quant aux engins de manœuvre, bien que construits toujours d'après le même principe, il est évident qu'ils doivent se transformer avec le poids de la sonde qu'il s'agit d'utiliser, c'est-à-dire avec la profondeur et le diamètre du forage.

1° OUTILS DE FORAGE ET DE CURAGE.

Outils de forage. — Les roches que la sonde doit attaquer sont dures, tendres ou ébouleuses :

Sur les roches dures on agit par percussion ; le forage des roches tendres se fait par rotation ; à travers les terrains ébouleux, le même outil approfondit et opère le curage du même coup.

Trépans. — Les *trépans* ou *burins* qu'on emploie pour forer, par percussion, dans les roches consistantes, sont composés de la lame qui est tout en acier ou en fer aciéré, et d'une tige en fer, ou fût, qui porte à sa partie supérieure l'emmanchement fileté à l'aide duquel cet outil s'adapte à l'extrémité inférieure de la sonde proprement dite. Le taillant a reçu des formes et des dispositions très variées, mais on s'en tient maintenant à celles représentées pl. 1, fig. 1 à 4. Dans la composition d'un matériel pour forage de petit diamètre, on fait entrer les deux types fig. 1 et 2, le trépan plat et le trépan à téton.

On les fait travailler alternativement; celui à téton fait un avant-trou, et donne au fond du forage une forme de gradin cylindrique qui permettra ensuite au trépan plat d'enlever rapidement la petite banquette circulaire régnant autour de l'ouverture faite par le téton. Puis quand il reprendra son tour, le même trépan à téton trouvera le fond plat que lui a laissé l'autre, et il pénétrera promptement dans la roche de toute la hauteur de sa petite lame centrale. — On obtient ainsi d'abord l'avantage d'une accélération dans l'approfondissement ; puis on a la faculté de pouvoir faire affûter l'outil qui vient de travailler pendant que l'autre est en fonction ; enfin le téton sert en quelque sorte de guide pour empêcher la déviation du trou de sonde.

Lorsque le diamètre du forage est de 15 centimètres et au-delà, l'épaisseur de la lame, ou plutôt la surface de ses tranches ne correspond plus, relativement, à une grande partie de celle de la paroi du forage ; on est alors exposé, si on n'y fait pas très grande attention, à laisser dans le trou une ou des saillies intérieures, qu'en terme de métier on appelle des *cornes*, et qui, dans les roches dures, ne feront qu'augmenter de grandeur à mesure qu'on continuera à approfondir. Comme elles empêchent la rotation du trépan, le passage des outils cylindriques, etc., nous verrons plus loin le moyen de les faire disparaître quand on les a laissées se produire ; mais, en attendant, pour les éviter le mieux possible, on se sert des trépans à tranches élargies, appelés *trépans à gouges* (fig. 3). Du reste, comme on le voit fig. 3 et 4, afin de donner une solidité suffisante à ces trépans dont la lame a une assez grande largeur par rapport à celle de sa tige, on renforce cette dernière, et on la raccorde à la lame par un talon, venu de forge, qui se prolonge en saillie par devant et par derrière.

Le forage à l'aide du trépan se fait en soulevant la sonde pour la laisser retomber, sur le fond, d'une hauteur variable, suivant la plus ou moins grande dureté de la roche. Sur un fond très dur il vaut mieux diminuer la hauteur du battage et en augmenter la rapidité : après chaque chute, ou choc de l'outil, on le fait changer de position en tournant la sonde d'un sixième à un dixième de la circonférence, de manière à faire le trou cylindrique en attaquant ainsi toute la surface du fond.

Il faut veiller avec soin à ce que les trépans ne perdent pas de leur diamètre, et à ce que, si on en emploie deux ou plusieurs successivement, ils soient tous et toujours exactement du même calibre ; car, en descendant un trépan un peu fort à la suite d'un autre qui s'est usé et a rétréci même très légèrement le diamètre du forage, on coince l'outil au fond et on a les plus grandes peines à l'arracher ; de plus, dans une roche dure, il est long et difficile de remettre le trou à sa dimension normale.

Tarières. — Les tarières qui servent à forer par rotation sont de trois sortes : la *tarière ouverte* (fig. 5), la *tarière à mouche rubannée* (fig. 6), la *tarière rubannée* ou *langue américaine* (fig. 7).

La première se compose d'un cylindre creux, ouvert, sur une certaine largeur, entre deux de ses génératrices qui forment deux arêtes dont l'une est tranchante et l'autre arrondie ; elle porte à son extrémité inférieure une partie concave et pointue, appelée *mouche*, qui mord dans le terrain sous l'action du poids de toute la sonde, et y pénètre en enlevant un nouveau copeau à chaque révolution ; l'arête tranchante, dont elle forme la pointe, agrandit et égalise le passage ouvert par la mouche. Au bas de l'arête arrondie, se trouve un talon, à angle droit, qui a pour but de s'opposer à ce que les matières entrées et tassées dans le cylindre puissent glisser et retomber dans le trou de sonde, quand on remonte la tarière.

Le bec de la mouche est excentré par rapport à l'axe du trou de sonde, de telle sorte que s'il se trouve au fond un caillou ou un corps dur quelconque, l'outil ne s'arrête pas dessus en pivotant ; il fait une rainure tout autour si l'obstacle est petit, sinon il le promène devant lui jusqu'à ce que l'approfondissement arrive à le loger dans le corps du cylindre.

Mais dans un forage de très petite dimension, il suffirait d'un gravier un peu fort pour empêcher la mouche de mordre dans le terrain ; on se sert alors de la *tarière à mouche rubannée* (fig. 6), qui ne diffère de la précédente que par la disposition de la *mouche* dont la double pointe verticale pénètre dans le terrain, soit par rotation, soit par percussion, en soulevant légèrement la sonde pour la laisser retomber sur le fond : cette dernière manière de faire fonctionner l'outil sera salutaire, surtout dans le cas de rencontre d'un obstacle dur qu'on brisera ou qu'on déplacera en frappant ainsi quelques coups, après quoi la tarière manœuvrera comme la précédente.

Ces deux outils foreurs agissent bien dans des terrains qui ont assez de liant, comme les argiles, les marnes, les sables argileux ou marneux, etc., pour se serrer et être ramenés au jour dans la partie cylindrique de la tarière ; mais quand on doit traverser des sables ou graviers maigres ou compactes, on a recours à la *tarière rubannée* ou *tarière américaine* (fig. 7) qu'on appelle quelquefois aussi *trépan rubanné*, parce qu'on fait fonctionner cet outil autant par percussion pour mordre sur le fond, que par rotation pour désagréger le terrain dans lequel il a pénétré. Seulement ici on emploie, comme auxiliaire, de l'argile qu'on jette par petites boules plus ou moins grosses, eu égard au diamètre du forage, et que la tarière rubannée malaxe au fur et à mesure avec les sables et graviers qu'elle traverse. Elle leur donne du corps et on pourra alors ensuite les retirer, soit avec une tarière cylindrique, soit avec un des outils de curage dont nous allons parler. L'argile rend encore ici un autre service : comme il n'est pas souvent possible de traverser ces bancs de sables ou de graviers, sur une certaine épaisseur, sans que des éboulements continus arrêtent l'approfondissement, on est obligé de maintenir les parois du trou de sonde avec des tubes en tôle qu'il devient alors plus facile de mettre en place, parce que le forage est tapissé d'une couche plus ou moins argileuse, éboulant moins promptement, et donnant aussi plus de facilité au glissement du tube en diminuant le frottement.

Il faut avoir soin dans l'emploi des outils par rotation de ne jamais laisser engager l'outil au delà du corps de la tarière, car non seulement son fonctionnement deviendrait bien pénible, mais il peut encore arriver que le terrain se gonfle et forme bourrelet par-dessus, ce qui rendrait très difficile le retrait de l'instrument.

Outils de curage. — Nous avons vu que les tarières à mouche font en même temps le forage et le curage ; cependant il faut, même avec ces outils, faire de temps en temps le nettoyage avec l'un des instruments qui vont être décrits, afin de bien déblayer le fond du trou de sonde. Que ce soit un trépan ou une tarière qui ait été utilisé, il faut empêcher que les détritus ne forment, sur la roche à attaquer, une sorte de matelas qui retarde et amoindrit la pénétration de l'outil foreur. Aussi ne doit-on pas craindre de multiplier les manœuvres de curage qui, bien que relativement assez longues, économiseront certainement, en vitesse d'approfondissement, plus de temps qu'elles n'en auront pris. C'est du reste la pratique et l'expérience qui déterminent, eu égard au diamètre du trou de sonde et à la nature de la roche traversée, le nombre de *soupapages* à faire par mètre foré.

Les instruments employés pour cette opération s'appellent *cuillers* ou *tarières à soupape*, ou plus simplement *soupapes.*

Ils sont de deux sortes : la *soupape à clapet* (fig. 8) qui s'emploie pour retirer les détritus produits par le trépan. dans des roches qui donnent des résidus plus ou moins grossiers ou pâteux, comme les calcaires, les marnes, les argiles dures, les grès argileux, etc. ; la *soupape à boulet* (fig. 9) sert pour les sables, graviers, galets, et certains grès, ou autres roches très dures, dont la désagrégation ne forme qu'une poudre plus ou moins ténue.

La *soupape à clapet* (fig. 8) se compose d'un cylindre adapté par sa partie supérieure à une fourche à emman-chement à vis, et garni à sa base d'une frette coupante en acier, qui sert de siège à un clapet dont elle porte la charnière. On visse cet instrument à l'extrémité inférieure de la tige de sonde pour le descendre au fond du forage. Sous l'action du poids total, la frette coupante pénètre dans les détritus qui ouvrent le clapet, pour monter dans l'instrument. Quand on soulève un peu la soupape, le clapet, qui a été maintenu seulement incliné par l'effet d'une petite tige verticale, ou butoir destiné à l'empêcher de se forcer dans le cylindre en s'ouvrant, retombe sur son siège de lui-même, ou poussé par les matières qui restent ainsi emprisonnées dans le tube pour être ramenées au sol. On imprime un léger mouvement de va-et-vient à la soupape pour favoriser le jeu du clapet, et après une dizaine de ces oscillations, au bout desquelles on doit toucher le fond du trou, on laissera retomber la sonde de quelques centimètres de hauteur, à deux ou trois reprises, pour bien fermer le clapet en provoquant la chute des éclats de roche un peu forts, qui se seraient interposés sur son siège.

Quelquefois la frette qui sert de siège au clapet est une véritable *mouche* de tarière ouverte ; la soupape prend alors le nom de *soupape à clapet et à mouche* (fig. 10) et le curage se fait par rotation.

La *soupape à boulet* (fig. 9) a pour obturateur, au pied du tube, un boulet reposant sur un siège ou coquetier en fonte ou en acier fondu ; une bride ou anse en fer plat limite la course du boulet ; une lame de trépan plate, en acier, est en saillie au-dessous de l'instrument pour diviser et agiter les sables, graviers, etc., et faciliter ainsi la descente de l'outil qui se manœuvre par va-et-vient comme le précédent.

On comprend que cette véritable *pompe à sables* peut servir à faire le forage proprement dit à travers les terrains tout à fait meubles, à condition, bien entendu, de revêtir les parois du trou de sonde d'un tubage de soutènement qui la suivra dans son approfondissement.

Si on remplace la lame plate par une petite mèche de tarière rubannée, l'instrument prend le nom de *soupape*

à boulet et à mouche rubannée (fig. 11) et se manœuvre
par va-et-vient et par rotation simultanément.

Outils à échantillons. — Avant de terminer l'examen des outils employés pour le forage proprement dit,
nous devons présenter ceux qu'on a quelquefois l'occasion d'utiliser pour une constatation de mine, pour une
étude géologique, etc. ; ce sont le *découpeur* et son *emporte-pièce* (pl. III, fig. 18 et 19).

Le découpeur (fig. 18) est un trépan à quatre branches
terminées chacune par une dent ou lame en acier, et solidement reliées deux à deux par une forte double cornière. On obtient ainsi un outil qui, en fonctionnant
exactement de la même façon qu'un trépan, approfondira en attaquant la roche seulement sur une surface annulaire de la largeur des dents du découpeur, c'est-à-dire
en laissant à l'intérieur un cylindre intact qu'on appelle
témoin ou *carotte*.

Si la roche sur laquelle on travaille, n'est pas d'une
très grande dureté, il faudra apporter un peu plus de
précautions qu'on ne le fait quand on fore en broyant
toute la section du fond, c'est-à-dire qu'il faudra battre
à plus petits coups, pour éviter qu'un trop grand choc ne
détache le témoin dans le découpeur. Du reste, dans le
même but, on arrête l'opération quand on juge que le
témoin a suffisamment de hauteur par rapport à son diamètre.

Quand on aura remonté le découpeur on descendra
l'*emporte-pièce* (fig. 19). C'est une cloche cylindrique, en
tôle, adaptée à une fourche avec emmanchement. Les
deux branches de la fourche descendent jusqu'en bas ;
l'une d'elles est doublée extérieurement par une bande

d'acier fixée seulement par le haut, de manière à faire ressort à sa partie inférieure. Les trois goujons qu'on voit, sur la figure, traverser la branche de la fourche et la bande d'acier sont encastrés à demeure seulement dans la première, l'autre est percée de trous dans lesquels leur extrémité antérieure se loge à frottement ; ils servent à retenir et à guider une plaque à rainure terminée par un coin d'acier.

On descend l'outil, le coin pendant, comme on le voit fig. 19, jusqu'à ce que la cloche enveloppant le témoin ait sa base à 15 ou 20 centimètres du fond. On laisse alors tomber la sonde de tout son poids, le coin se trouve brusquement chassé entre la branche de fourche et la bande d'acier qui s'écarte pour lui faire place. Les choses ont été calculées de manière à ce que le coin ait une largeur maxima moindre que celle des dents du découpeur, mais telle qu'ajoutée aux épaisseurs de la branche de fourche et du ressort, elle fasse plus que la largeur de la rainure circulaire autour du témoin ; alors on comprend qu'au moment du choc, l'extrémité inférieure de l'outil va être brutalement jetée de côté, c'est-à-dire excentrée, en entraînant avec elle le pied du témoin qui se détachera forcément du sol auquel il était resté fixé. Au même instant, la carotte est saisie en dessous par deux talons ou crochets d'acier, qui sont en saillie en bas et à l'intérieur de la cloche, et font corps avec deux ressorts placés verticalement sur la tôle dans un sens perpendiculaire aux branches de la fourche. Ces deux talons s'étaient écartés en glissant le long du témoin qu'ils retiennent prisonniers, en se refermant, quand sa base ne tient plus à rien.

Si l'on a eu soin de descendre et de remonter l'em-

porte-pièce sans le faire tourner après avoir bien pris
note de la position qu'il avait au moment où on l'a introduit dans le forage, quand, ramené au sol, on sortira le
témoin de l'outil, on pourra le poser sur le plancher de
l'atelier exactement comme il était en place au fond ; il
servira ainsi non seulement à bien déterminer la nature
et la composition de la roche qu'on a traversée, mais encore l'inclinaison et la direction des couches par les
joints de stratification qu'il porte.

2° TIGES DE SONDE.

Pour manœuvrer les outils de forage ou de curage au
fond du trou de sonde, on les adapte à des tiges qui s'em-
manchent les unes au bout des autres, à mesure de l'approfondissement. Leur ensemble compose ce que l'on
appelle la sonde proprement dite.

Une tige de sonde (pl. I, fig. 12) est formée du corps
de la tige qui en constitue la plus grande longueur, et des
deux emmanchements à vis, inférieur et supérieur, servant à la relier à celle qui la précède et à celle qui la
suit

Nous n'avons pas à examiner ni à discuter ici les différents systèmes qui ont été souvent adoptés pour la forme
de l'emmanchement et pour la matière employée au
corps de la tige, puisque on est généralement revenu à
la tige en fer carré et aux assemblages à vis. Une paire
d'emmanchements se compose du tenon fileté formant,
dans la fig. 12, l'extrémité supérieure de la tige, et de la
douille filetée intérieurement qui est à la base : Le premier s'appelle le *mâle* de l'emmanchement, l'autre la *fe-*

melle. Le mâle porte au-dessus de ses filets de vis une partie lisse cylindrique, qui guide l'emboîtement de la femelle quand il s'agit de visser les tiges verticalement les unes à la suite des autres. — Faisons remarquer en outre, tout de suite, qu'au-dessous du tenon fileté se trouve une partie renforcée qui sert d'abord à former un plan horizontal de contact, ou de repos, pour les deux parties de l'emmanchement, quand, comme cela doit toujours être, elles sont bien vissées à fond ; de plus sur ce renflement sont ménagées à deux hauteurs différentes, et dans un sens perpendiculaire l'une par rapport à l'autre, deux paires d'épaulements dont le but se fera bien comprendre tout à l'heure quand nous décrirons la manœuvre de la sonde.

La force de la tige, c'est-à-dire la grosseur du carré du fer, varie suivant la profondeur et le diamètre que doit avoir le trou de sonde. Le tenon de l'emmanchement mâle a une section légèrement supérieure à celle du corps de la tige. — La hauteur ou longueur des tiges partielles est, jusqu'à certaines limites, en raison de leur force, afin de rapprocher le plus possible les nœuds d'emmanchement d'une sonde légère dont on diminue ainsi la flexibilité.

En outre des tiges partielles qui constituent la totalité de la sonde, et ont toutes une même longueur, l'appareil comprend un jeu de tiges plus courtes, appelées *allonges* (fig. 13), croissant graduellement d'un mètre, depuis la plus petite qui est elle-même longue d'un mètre. Ces tiges courtes se placent successivement à la partie supérieure de la sonde, à mesure de l'approfondissement, jusqu'à ce que celui-ci corresponde à la longueur d'une des grandes tiges qu'on met alors à la place de la série des allonges, pour recommencer à les utiliser ensuite au-dessus d'elle.

Pour des sondages d'une certaine profondeur, dépassant par exemple 60 ou 70 mètres, il convient d'éviter que le poids de toutes les tiges supérieures agissant, dans la percussion, sur les tiges inférieures, ne produise l'écrasement, c'est-à-dire le ploiement et la rupture de ces dernières : Pour cela on compose la sonde d'une succession de tiges partielles de 2 ou 3 calibres différents, en plaçant le plus fort à la base; et pour passer d'un calibre à un autre, on interpose une tige, appelée *raccord*, dont l'emmanchement femelle a le pas de vis des tiges inférieures, et l'emmanchement mâle celui des tiges qui la surmontent.

3° OUTILS ET ENGINS DE MANŒUVRE.

La manœuvre d'un appareil de sondage comprend deux phases bien distinctes : la manœuvre proprement dite de la sonde, qui s'exécute quand on descend un outil dans le forage ou quand on le remonte au sol ; et la manœuvre du forage ou fonctionnement, sur la roche du fond, des instruments qui produisent l'approfondissement. Pour les sondages tout à fait superficiels, la manœuvre n'exige aucune installation spéciale ; mais dès qu'il s'agit d'atteindre des profondeurs de 10 mètres, et au delà, il est nécessaire de dresser à l'emplacement du forage une *chèvre* plus ou moins robuste, et plus ou moins haute suivant l'importance du travail à entreprendre, c'est-à-dire suivant la longueur, le diamètre et, par suite, le poids de la sonde à mettre en œuvre. — Cette chèvre consistera en un simple petit trépied (pl. II, fig. 1) quand il s'agira de trous de sonde de 8 à 10 centim. de diamètre, et de 10 à 15 mètres de profondeur au maximum ; l'appareil à utiliser est alors ici assez léger pour que la manœuvre se fasse tout entière directement à la tiraude. Ce sera la chèvre en bois ou en fer à 3 montants (pl. II, fig. 2, ou pl. V, fig. 1) munie d'un *moulinet à manivelles* pour des recherches à exécuter jusqu'à 20 à 30 mètres ; puis celle (pl. II, fig. 3 ou pl. V, fig. 2 et 3) à 4 mon tants avec petit treuil à engrenage dit *treuil-chèvre* pour sondages de 40 et 60 mètres.

Au delà, les dispositions de cet engin se modifient pou lui donner la résistance et la stabilité nécessaires, et on lui adjoint un treuil (pl. III, fig. 1 et 2) : celui-ci est monté sur des semelles ou sur une fondation indépendante, et la force de ses organes, sa puissance et sa disposition sont calculées et combinées, de manière à mettre entre les mains du sondeur non seulement le moyen de soulever le poids de la sonde, mais aussi une transmission de mouvement convenable pour produire la percussion par le trépan.

La chèvre en bois est certainement d'un prix moins élevé que la chèvre en fer. Elle a, de plus, l'avantage d'être très légère, et, par suite, de se prêter économiquement aux transports lointains. Enfin, sa construction est tellement simple qu'on peut la faire établir sur place par un charpentier en se munissant seulement de ses ferrures : on réduira ainsi, dans une notable proportion, le frêt souvent onéreux d'un matériel à faire voyager.

Mais il est des cas fréquents dans lesquels l'emploi de la chèvre en fer s'impose : d'abord elle se prête à des

efforts de traction triples au moins de ceux que permet
la chèvre en bois. Ensuite, dans les colonies par exemple,
il y a des régions dans lesquelles le bois se conserve difficilement. Enfin, il est hors de doute que la chèvre en fer
est peu sujette aux détériorations, et que son usage sera
indéfini sans avoir à lui faire subir les réparations, ou
remplacements de pièces, que réclame souvent la chèvre
en bois.

Pour la construction des chèvres métalliques, on utilise
des fers cornières, des fers à U ou à T, et des fers profi-
lés, dont la combinaison raisonnée permet de donner à
l'appareil un poids aussi réduit que possible, et de le
rendre commodément démontable pour qu'il se soumette
aux multiples exigences des transports à effectuer dans
des conditions difficiles, et dans des régions souvent
presque inaccessibles.

Le sol, dans l'intérieur de la chèvre, est formé d'un
plancher en madriers plus ou moins épais, simplement
juxtaposés, dans le milieu duquel est ménagée une ouverture carrée, qu'on ferme à l'aide d'un couvercle en bois
(pl. II, fig. 4) appelé *plats-bords*, et composé de deux
pièces rectangulaires sufffsamment solides pour porter
le poids de la sonde : l'ouverture cylindrique découpée
au centre de ce couvercle est d'un diamètre légèrement
plus grand que celui des emmanchements des tiges de
sonde, qui vont toutes passer par ce trou correspondant
à l'axe du forage, dont l'orifice restera ainsi couvert, pendant toute la durée de la manœuvre, pour éviter le risque
de laisser tomber un outil au fond.

Manœuvre de la sonde. — Ceci posé, nous allons
descendre et remonter la sonde dans le forage, en décri-

vant successivement les instruments dont on aura à faire usage, quelles que soient la forme et la disposition du moteur dont on se servira.

La sonde se manœuvre par un câble ordinaire ou par une chaîne en fer. Nous ne conseillons l'usage du câble que pour les petits sondages de 10 à 15 mètres, c'est-à-dire pour ceux qui se font directement à la tiraude; pour les autres nous préférons la chaîne à maillons ordinaires, parce qu'elle offre moins de chances de rupture, et parce que sa longue durée produit une économie réelle. La chaîne ou le câble passe dans la gorge d'une poulie, folle sur son axe, placée au haut de la chèvre, redescend dans l'axe de cet engin qui correspond à celui du trou de sonde, et se réunit au moyen de l'*esse à brides* (pl. I, fig. 14) à la *clef de relevée* ou *pied de bœuf* (pl. I, fig. 15 ou 16); cet instrument se compose d'une sorte de fer à cheval horizontal qu'on ferme à volonté par une petite barrière placée en avant, et qui est porté par une seule tige carrée (fig. 15), ou par deux colonnes verticales (fig. 16). La première disposition est suffisante pour les sondages relativement peu profonds; mais dès qu'on atteint 70 ou 80 mètres, il faut recourir à la seconde, avec laquelle on n'a pas de porte-à-faux. La barrière porte, près de son centre de rotation et extérieurement, un ergot qui, en buttant sur une petite saillie ménagée sur le périmètre de la tête du boulon qui lui sert d'axe, la maintient levée à 65 degrés environ quand on l'a ouverte, de telle sorte qu'il suffit de la pousser légèrement quand on veut la fermer. Un anneau tournant le suspend à l'esse à brides de façon qu'on puisse lui imprimer un mouvement de rotation sans tordre la chaîne. L'anneau tournant doit être juste dans l'axe de l'instrument, c'est pourquoi on infléchit la tige du pied de bœuf à une seule branche.

Pour descendre la sonde, on découvre le forage de manière à laisser passer l'outil qui va être utilisé, et qui a été suspendu à la chaîne en le prenant, dans la rainure du pied de bœuf, par la paire d'épaulements supérieurs de son emmanchement. On referme immédiatement le couvercle, et on arrête la descente au moment où les épaulements inférieurs arrivent à quelques centimètres du dessus des plats-bords. Un homme placé près du trou de sonde, et qu'on appelle le *visseur*, engage alors le carré de la tige à fond dans la rainure de la *griffe* ou *clef de retenue* (fig. 17 pl. 1), autre plaque, en forme de fer à cheval, munie d'un manche, sur laquelle on fait reposer les épaulements inférieurs; et l'outil se trouve ainsi suspendu sur les plats-bords par son emmanchement comme le représente la fig. 5, pl. II. On ouvre la barrière du pied de bœuf qu'on remonte pour aller saisir une des tiges qui vont être vissées successivement; celles-ci ont été dressées contre un appui, dans la chèvre, en les plaçant dans l'ordre suivant lequel elles avaient été primitivement remontées, et qui sera toujours scrupuleusement conservé.

Lorsque dans la composition de la sonde il entre des barres de calibres différents, la rainure de la *griffe* est à redans (pl. 1, fig. 18), de manière à avoir une série de largeurs égales à la grosseur du fer des tiges de chaque numéro.

Il est essentiel que le sondeur tienne toujours, sur un carnet, un état bien exact des dimensions des outils qui se descendent dans le trou, ainsi que des longueurs et de la succession des tiges qui s'y adaptent. Il mettra en observation toutes les particularités que peuvent présenter ces pièces, tels que renflements produits par une soudure, torsion, étranglement du fer, raccourcissements ou allongements résultant d'une réparation, etc. De cette manière, en cas de rupture d'une tige, il connaîtra toujours très exactement la situation et l'état du reste de la sonde, et il saura, sans tâtonnement, non-seulement où il doit retrouver la tête de la cassure, mais comment et où il faut saisir la partie laissée dans le trou.

Le pied de bœuf s'élève jusqu'à ce qu'il arrive à portée de la main d'un homme monté, sur un petit plancher ou sur une des traverses de la chèvre celui-ci est à hauteur ; pour pouvoir saisir l'extrémité supérieure de la tige, et la placer dans la rainure du pied de bœuf, orientée par lui de telle sorte que, le mouvement ascensionnel se continuant sans arrêt, la tige se trouve soulevée par sa paire d'épaulements supérieurs : aussitôt la tige accrochée par le pied de bœuf, le même ouvrier, qu'on appelle l'*accrocheur*, rabat la barrière ; la tige monte alors, bien tenue par sa tête, jusqu'au dessus de l'emmanchement de l'outil suspendu sur la griffe. Le vissage va s'exécuter de droite à gauche ; pour le faciliter, c'est-à-dire pour éviter que l'outil ne tourne avec la griffe, on place celle-ci de manière à ce que son manche se trouve à droite d'un ergot fixé sur les plats-bords, et contre lequel elle s'arrêtera tout de suite (pl. II, fig. 5). Le visseur empoigne l'extrémité de la tige suspendue, et en faisant lâcher un peu de chaîne il emboîte, à la main, la femelle sur le mâle de l'outil ; il opère le vissage à l'aide de la clef ou petit *tourne-à-gauche* (pl. I, fig. 19), qu'il place au-dessus de la femelle, et qu'il fait tourner rapidement en en passant le manche successivement d'une main dans l'autre. I com-

mande ensuite de soulever légèrement la sonde, pousse
la clef de retenue en arrière, pour faire place à la tige, qui
descend rapidement de toute sa longueur, c'est-à-dire
jusqu'à son épaulement inférieur sous lequel le visseur
replace la griffe, afin que le pied de bœuf puisse aller
rechercher une autre tige, et ainsi de suite. Si le pied de
bœuf a un poids trop faible, quand il arrive à une certaine hauteur, le brin de chaîne auquel il est suspendu
pourrait être entraîné par le brin descendant de l'autre
côté de la poulie. Pour éviter cela, on peut mettre une
olive en fonte qui formera contre-poids, au-dessus de
l'esse à brides; ou plus ordinairement on attache au pied
de bœuf un cordage que le visseur tient à la main, pour
retenir la chaîne jusqu'au moment où l'on accroche une
tige.

Lorsque la sonde est arrivée au fond, on la laisse poser
de tout son poids, et à l'aide du grand tourne-à-gauche
(fig. 20) on cherche à lui imprimer un mouvement de rotation, dans le but de visser toutes les tiges à refus, ce
qui est important si l'on veut ménager les filets de vis,
lesquels sans cela se brisent ou s'écrasent pendant la
percussion. De même, pour éviter leur usure, il faut avoir
soin, pendant la descente de la sonde, de les nettoyer
souvent en les frottant avec de la filasse ou de la vieille
corde, et de les graisser avant le vissage.

Pour remonter la sonde, la manœuvre se fait naturellement en sens inverse : le pied de bœuf saisit la première tige par les épaulements supérieurs, et remonte
jusqu'à ce que les épaulements inférieurs de la tige suivante arrivent au-dessus des plats-bords ; le visseur
glisse la griffe, dont il place le manche à gauche de l'ergot,
fait lâcher à la chaîne, et dévisse à l'aide de son petit

tourne-à-gauche. La plupart du temps, les emmanchements se trouvent assez fortement serrés pour qu'ils ne
puissent pas se dévisser au moyen du petit tourne-à-gauche seul; alors le visseur se sert de l'autre (fig. 20) qu'il
tient à deux mains par l'extrémité, pour donner deux ou
trois coups secs; les chocs de ce long levier font des-
serrer les emmanchements, dont on achève le dévissage
avec le plus petit tourne-à-gauche. On soulève la tige,
que l'accrocheur et le visseur transportent de côté pour
la loger debout contre une des faces intérieures de la
chèvre. L'accrocheur ouvre alors la barrière du pied de
bœuf qu'il dégage de la tige et qu'on fait redescendre,
aidé par le câble que tire le visseur, jusqu'au-dessous des
épaulements supérieurs de la tige suivante.

Manœuvre du forage. — Nous avons vu déjà, en
décrivant les outils qui sont employés pour faire de l'approfondissement, comment on devait faire fonctionner
chacun d'eux. Dès que celui qui doit être utilisé est ar-
rivé au fond du trou de sonde, on substitue au pied de
bœuf la *tête de sonde* (pl. I, fig. 21) qui n'est autre chose
qu'un emmanchement femelle muni d'un anneau tournant; on visse la tête de sonde sur la dernière tige ou
allonge qui forme l'extrémité supérieure de la sonde, et
doit dépasser le plancher de manœuvre de $1^m,30$ à $1^m,50$
environ; l'anneau tournant est accroché à la chaîne par
l'intermédiaire de l'esse (fig. 22). On fait alors raidir à la
chaîne, par un seul homme, de manière à vaincre la flexion
de toute la sonde, sans soulever celle-ci; la longueur totale de la sonde, moins ce qui dépasse le plancher, mesure ainsi exactement la profondeur atteinte; on fait un
repère avec du blanc sur la dernière tige à ras du dessus

des plats-bords, et cette marque permettra de se rendre constamment compte de la vitesse de l'approfondissement.

On place à hauteur d'appui, sur la tige, *le manche de manœuvre* (fig. 23). qui sert à donner à la sonde le mouvement de rotation continu quand on fore à la tarière, ou partiel et successif quand on bat avec le trépan.

Il est tout en fer pour les sondages peu profonds et de petit diamètre; pour les autres, il atteindrait ainsi des dimensions qui lui donneraient un poids tel qu'il serait impossible de le maintenir en place pendant la percussion; alors on le fait en bois à armature de fer (fig. 24); mais, dans l'un et l'autre cas, sa disposition reste exactement la même.

C'est un prisme rectangulaire d'une petite longueur, prolongé à chacune de ses extrémités par un bras de levier dont la grandeur est en proportion de la force de la sonde. Au milieu d'une des deux plus petites faces du prisme est ménagée une encoche verticale, et carrée, correspondant exactement au calibre de la tige de sonde qu'on y loge. Cette même face porte une barrière à charnière verticale qu'on ferme, quand le manche est mis sur la tige, au moyen d'une forte goupille qui passe dans une sorte de piton horizontal. Le milieu de la barrière est renforcé et porte, en face de l'encoche, un trou taraudé qui reçoit une vis à pointe d'acier et à tête annulaire; en serrant cette vis au moyen d'une broche qu'on passe dans son anneau, sa pointe s'imprime dans le fer de la tige et maintient ainsi le manche de manœuvre horizontalement à la hauteur voulue.

Lorsque, dans une manœuvre par rotation, on veut avoir

plus de facilité, on place les 2 tourne-à-gauche en croix au-dessus du manche ; on a ainsi une sorte de tourniquet à 4 bras qui permet, s'il est nécessaire, d'employer plusieurs hommes à donner le mouvement.

Nous verrons plus loin, en passant en revue les sondes employées à diverses profondeurs, quels sont les différents moyens mis en œuvre pour produire la percussion ou battage au trépan, et comment on peut utiliser les organes des moteurs plus ou moins complets dont on disposera, pour accélérer la manœuvre de la sonde proprement dite.

4° TUBAGES.

Nous avons dit que souvent les tubes étaient nécessaires dans l'exécution d'un sondage, soit pour maintenir les terrains ébouleux, soit pour servir de conduite verticale aux eaux d'une nappe souterraine qu'on veut utiliser. — Les premiers s'appellent tubes de retenue ; les seconds tubes d'ascension.

Tubes de retenue. — Ces tuyaux doivent toujours être construits en tôle d'acier, parce qu'on obtient à l'aide de ce métal une résistance très suffisante avec une épaisseur relativement très faible, ce qui est important pour que les tubes pénètrent plus facilement à travers les terrains meubles qu'on leur fait traverser, et pour que, surtout dans les sondages de petites dimensions dont nous nous occupons ici, on ne soit pas conduit à réduire inutilement l'ouverture initiale. Naturellement quand on

pose un tube, on ne peut plus continuer l'approfondissement qu'avec des outils correspondant au diamètre intérieur de celui-là, et ce diamètre sera d'autant plus diminué que l'épaisseur du métal sera plus grande. En
règle générale, on doit toujours conserver au trou de
sonde le plus grand diamètre possible, non seulement au
point de vue d'un approfondissement d'autant plus rapide
que le jeu du trépan sera plus dégagé et les curages moins
fréquents, mais encore au point de vue de la réparation
des accidents de sonde, dans lesquels il est nécessaire
d'avoir, à côté de la tige, le passage facile de l'outil qui
doit aller la saisir, en un point favorable, au-dessous de
la rupture.

La tôle résiste aussi très bien aux chocs que le tube
reçoit pendant la percussion, au fouettement de la tige
de sonde, à la pression qu'on a à exercer souvent de la
partie supérieure pour le forcer à descendre, à la torsion
si on a à le faire tourner soit pour l'enfoncer, soit pour
le dégager quand il s'agit de l'extraire, enfin à la traction lorsqu'il n'y a plus de raison de le laisser dans le
forage d'où on le retire pour l'utiliser ailleurs.

D'après cela, on comprend que les tuyaux doivent être
exécutés avec de la tôle de choix, exempte de défauts ; il
faut surtout éviter qu'elle soit aigre, cassante.

Ils sont construits par bouts d'un, de deux ou de trois
mètres de longueur. Ils sont garnis, à une extrémité, d'un
manchon d'assemblage également en tôle, dont le diamètre intérieur est exactement le diamètre extérieur du
corps même du tube ; comme on le voit (pl. III, fig. 3) ces
manchons excèdent la partie supérieure du cylindre d'une
longueur égale à celle dont ils la doublent, et sont munis
d'une double rangée de trous, placés en quinconce, qui

sont percés à l'avance et correspondent à ceux existant à l'autre extrémité.

Les bouts de tuyaux s'assemblent les uns à la suite des autres, sur l'orifice même du forage, quand on doit les placer soit dans un trou foré déjà jusqu'à une certaine profondeur, pour masquer des passages argileux ou marneux, qui se gonflent et menacent de retenir les outils prisonniers, soit lorsqu'on atteint une couche de sables, graviers, ou autres roches désagrégées qui éboulent, et à travers laquelle on est obligé de les faire descendre au fur et à mesure de l'approfondissement.

Si, comme il arrive très souvent, le sondage a, dès le début, à traverser des terrains d'alluvion qui sont ébouleux, il sera avantageux de commencer par faire à bras d'hommes une petite fouille de la hauteur d'un bout de tuyau : c'est surtout nécessaire quand on utilise, comme on le fait pour les sondages d'une certaine profondeur, des bouts de tubes de 4 ou de 6 mètres de longueur, d'abord pour pouvoir vérifier commodément si les assemblages se font parfaitement en ligne droite; ensuite, et surtout, pour le cas où l'on a à faire descendre le tubage au fur et à mesure de l'approfondissement, parce que, sans cela, chaque fois qu'on ajouterait un bout de tube, l'orifice de celui-ci se trouverait à une trop grande hauteur au-dessus du plancher de l'atelier, et la manœuvre de la sonde deviendrait impossible.

Nous donnons (pl. II, fig. 7) le mode de construction d'une de ces grandes excavations à travers les terrains tout à fait meubles : autour d'un premier cadre en bois, posé sur le sol, on enfonce des planches taillées en biseau à leur extrémité, qu'on appelle *palplanches*; puis on excave aussi loin que possible à l'intérieur de cette sorte de

gaine; au fond de cette première fouille, on place un nouveau cadre, et on enfonce des palplanches entre celui-ci
et les précédentes palplanches, et ainsi de suite. Quand,
soit à cause de l'eau qui peut se trouver dans ces premiers terrains, soit pour tout autre cause, on ne peut
pousser cette excavation assez loin, on en est quitte pour
n'employer que des bouts de tubes de petites longueurs.

Dans les petits sondages, on n'a pas à faire une prépa-
ration du chantier relativement aussi onéreuse : si on
débute dans des terrains meubles, on utilisera une tarière d'un diamètre un peu supérieur à celui de l'extérieur du tube pour faire un avant-trou dont la paroi,
soit par l'état généralement limoneux du terrain, soit par
l'introduction d'une certaine quantité d'argile que la tarière malaxera avec lui, se soutiendra assez pour permettre de commencer à introduire le tube sur 1 mètre
ou 1^{m}50 de longueur; on continuera à le faire descendre
entièrement ensuite en forant à l'intérieur, et en pressant
ou frappant sur son extrémité supérieure.

Voici donc en tous cas le premier tuyau mis en place.
On fixe au-dessous de son manchon un collier en bois
(pl. III, fig. 4) qui est solidement serré à l'aide de deux
boulons, et qui servira à maintenir ce premier tube sur le
plancher de manœuvre, aussi bien pour le cas du tubage
d'un trou foré sur une certaine longueur, que pour celui
d'un forage que l'on commence; puis on suspend au pied
de bœuf, à l'aide d'un même collier en bois et d'une anse
de corde, le deuxième bout de tube dont on introduit
l'extrémité inférieure dans le manchon du précédent, en
ayant bien soin de faire en sorte que la tranche intérieure
de la couture du cylindre soit en contact avec la tranche
extérieure de la couture du manchon; dans cette situation

les trous d'assemblage du premier coïncideront avec les trous d'assemblage du second : si, comme cela peut être, on éprouve un peu de difficulté à faire cet emboîtement, il faut, à l'aide de deux marteaux, dont l'un frappe à l'intérieur pendant que l'autre *tient coup* à l'extérieur, évaser légèrement l'orifice d'entrée du manchon, et agir avec une masse en bois sur la tête du tube à mettre en place. Il arrive aussi que quelques-uns des trous d'assemblage se croisent légèrement; on utilise alors un petit équarrisseur (pl. III, fig. 5), dont la pointe d'acier arrive en un ou deux tours de main à les faire coïncider entièrement. Il ne reste plus alors qu'à terminer l'assemblage à l'aide des petits boulons représentés (fig. 6, pl. III).

Ces boulons sont composés de deux pièces : 1° le boulon proprement dit, dont la tête ronde et très plate n'a qu'un à un demi-millimètre d'épaisseur, et dont la tige taraudée sur douze à quinze millimètres de longueur est aplatie à son extrémité et percée d'un petit trou ; 2° son écrou, qui est carré, et qui a une épaisseur de deux à deux et demi millimètres suffisante pour les deux ou trois pas de taraudage, à filets très fins, qui tiendront le boulon convenablement serré. On attache successivement au bout d'une ficelle, passée dans le petit trou de la tige, les boulons séparés de leur écrou, et qui vont venir un à un garnir les trous de jonction ; le boulon est ainsi descendu la tête en bas par le haut du second tube, et on donne assez de longueur à la ficelle pour qu'il aille environ vingt centimètres plus bas que la place qu'il doit prendre. On introduit alors un petit crochet en fil de fer par le trou qu'on veut garnir, il saisit la ficelle qu'on tire à soi et qui vient, comme l'indique la fig. 7 (pl. III,)

former une boucle en dehors du tube ; on coupe cette
ficelle, en en laissant environ quinze centimètres après le
petit boulon qui présente alors sa pointe en dehors, et a
sa tête appliquée contre la tôle en dedans : on enfile
l'écrou qu'on serre avec une petite clef, pendant qu'on
empêche la rotation en pinçant dans une petite tenaille
la pointe aplatie du boulon. Quand l'écrou est bien serré
à refus, la tête plate du boulon a épousé la forme concave du cylindre, et ne présente pas une saillie gênante
pour le passage des outils ; car on laisse toujours un jeu
d'un centimètre, au moins, entre le diamètre intérieur
du tube et celui des trépans, tarières, etc., qu'on doit
utiliser ensuite.

Après avoir bouché de la même façon chacun des
trous de jonction par un boulon et son écrou, on coupe
à l'aide d'un burin, ou d'une tranche, toute la partie de la
tige taraudée qui dépasse l'écrou, afin de ne pas laisser
comme une sorte de hérisson qui accrocherait les parois
du forage et s'opposerait au mouvement du tuyau ; de
plus on matte, avec la panne d'un marteau, la section
qu'on vient d'opérer pour empêcher l'écrou de se dévisser. On a ainsi un assemblage d'autant plus solide que
l'emboîtement des tuyaux aura été aussi juste que possible (pl. III, fig. 8). Alors on desserre le collier inférieur dont on écarte les deux parties pour l'enlever complètement, et on le replace sous le manchon du nouveau
tuyau à introduire dans le forage ; puis on fait descendre
le tubage jusqu'à ce que le collier qui servait à le suspendre vienne poser sur le plancher.

Ce mode de jonction par boulons donne un assemblage
très solide et très satisfaisant. Mais dans quelques cas
particuliers, comme par exemple celui où l'on aurait à

exécuter le forage à travers 50 ou 60 mètres de sables continus, la saillie de tous les petits écrous pourrait présenter une certaine résistance à la descente, et il serait prudent de recourir à l'assemblage par rivets qu'on n'exécute ordinairement que dans les sondages d'un plus grand diamètre que ceux dont nous nous occupons.

Les rivets que l'on emploie (pl. III, fig. 9) sont exactement de la forme des petits boulons dont nous venons de parler, moins le taraudage de la tige ; on utilise le même moyen pour les descendre dans le tube et en garnir les trous de jonction. Les petits bouts de ficelle attenant à leur queue servent ici à attacher extérieurement tous les rivets, deux à deux, pour éviter qu'ils puissent retomber dans l'intérieur pendant que l'opération se terminera. Quand tous les trous sont munis de leur rivet on descend, par l'extrémité supérieure du tuyau, l'outil représenté pl. III, fig. 10, qu'on appelle *le rivoir*. Il se compose de deux coins en fonte dont la forme s'obtiendrait en opérant la section d'un cylindre droit par un plan, incliné à 70 degrés, passant par deux cordes symétriques de ses cercles de bases. Le cylindre, c'est-à-dire l'ensemble des deux coins juxtaposés, est d'un diamètre égal à celui de l'intérieur des tuyaux qu'on assemble. Les deux tiges à l'extrémité desquelles sont fixés les coins ont une longueur supérieure à celle des bouts de tubes ; l'une d'elles, celle qui porte le coin avec la plus grande dimension en bas, est munie d'une tête qui permet de la manœuvrer à l'aide du pied de bœuf ; elle est aussi garnie d'un petit levier en fer qui sert à soulever l'autre tige en passant dans l'étrier adapté au haut de cette dernière. On descend l'outil maintenu dans cette situation, c'est-à-dire le coin supérieur plus haut que l'autre (pl. III, fig. 11), par un petit cordage qui retient le levier attaché au montant du pied de bœuf. Quand l'appareil est placé de telle manière que le coin inférieur est bien en face des têtes de rivets appliquées à l'intérieur du tube, on laisse tomber l'autre de tout son poids, on sent alors que tous les rivets sont bien appuyés, sinon on frappe quelques coups de marteau sur le coin supérieur dont la tige porte, à cet effet, une tête ronde en acier. On coupe alors les tiges des rivets à 2 ou 3 millimètres du dehors de la tôle ; cette saillie qu'on laisse sufiit pour faire à l'extérieur du manchon d'assemblage la contre-partie des rivures, et on a une jonction aussi solide que si les tubes avaient été rivés, à la façon ordinaire, sur un mandrin, dans un atelier de tôlerie. Il se peut que quelques-uns des rivets ne se trouvent pas appuyés sufiisamment du premier coup par le rivoir ; on termine alors l'opération quand même sur tous les autres, et on ne coupe ceux-là qu'ensuite, quand, après avoir desserré les deux coins en fonte, on aura fait tourner le rivoir, jusqu'à ce qu'on trouve la position dans laquelle il tient les têtes solidement appliquées contre la tôle.

Généralement les tuyaux boulonnés ou rivés descendront à mesure du forage, soit sous leur propre poids, soit en y ajoutant celui de la sonde qu'on fait retomber plus ou moins fortement sur la tête du tube recouverte d'un bouchon de bois (pl. III, fig. 12). Il suffira pour cela de bien dégager la base de la colonne, en manœuvrant avec la soupape à boulet, ou avec des tarières, jusqu'à 0^m50, 0^m70 en contre-bas, en utilisant, s'il est nécessaire, le concours de l'argile comme nous l'avons indiqué page 6. Cependant, surtout quand les colonnes sont longues, on est quelquefois obligé d'user de pressions énergiques ; on emploie alors soit des *abatages*, soit des vérins, etc., ou bien encore une masse très pesante faisant l'office de mouton ; mais ce dernier procédé, auquel on ne s'adresse qu'en dernier ressort, exige de grandes précautions pour ne pas détériorer promptement la tête du tube, et une grande attention pour ne pas faire sauter les boulons ou rivets d'assemblage ; car une jonction qui serait ainsi maltraitée, non seulement serait prête à se déboîter, mais encore pourrait avoir la tôle déchirée, fendue, aplatie, etc., et on aurait les tubes pénétrant les uns dans les autres, en produisant un étranglement qui compromettrait tout le travail. Aussi quand une colonne résiste trop, plutôt que d'arriver à des moyens extrêmes il vaut mieux avoir d'abord la patience de chercher à la dégager, soit même en la soulevant et en la redescendant d'un ou de deux mètres à plusieurs reprises ; et si on n'y parvient pas, il serait sage de se décider à mettre un autre tubage d'un plus petit diamètre qui descendra d'autant plus facilement qu'il évitera le frottement du terrain sur toute la hauteur déjà masquée par le précédent.

Nous n'avons pas besoin de dire que dans les cas où l'on sera gêné pour mettre en place tout de suite un bout de tuyau de trois mètres de longueur, par exemple, on procèdera ici comme avec les *allonges* des tiges, c'est-à-dire qu'on emboîtera, mais sans le fixer, un premier bout d'un mètre, puis on lui substituera un autre de 2 mètres pour mettre définitivement celui de 3 mètres qu'on boulonnera ou rivera dans l'excavation. Si on n'a pas d'espace libre convenable pour faire la jonction en contre-bas de la surface du sol, on y remédiera, si l'importance du travail le comporte, en établissant un faux plancher de manœuvre à 2 mètres ou 2^{m}50 au-dessus de celui de l'atelier, ou sinon on ne se servira que de bouts de tuyaux d'un mètre pendant la durée, certainement limitée, du passage qui ne permet pas l'introduction d'un tuyau d'une plus grande longueur.

Si l'on veut extraire du trou de sonde les tuyaux qu'on y avait mis provisoirement, on a recours, pour les remonter bout par bout, à la traction directe par la chaîne, ou, si elle ne suffit pas, on fera des abatages (pl. III, fig. 13) avec un levier dont le petit bras agirait, sous un collier en bois, à la façon de la pince en fer qui sert à soulever des corps pesants ; ou bien encore on utilisera des crics, etc. Mais en exerçant ainsi l'effort à la partie supérieure, on peut craindre le déboîtement du tube en un certain point de sa longueur. Pour l'empêcher on descendra la sonde munie à sa partie inférieure d'un crochet simple ou double (pl. I, fig. 25 ou 26) suivant le diamètre du tubage. Ce crochet harponnera la tôle au pied du tube ; on tendra la sonde à refus avec la chaîne et on fixera sur la tige un collier de sonde en bois (pl. III, fig. 13) qui reposera sur la tête du tuyau ; la sonde fera ainsi l'office d'un tirant rendant solidaires le pied et la tête de la colonne, et on s'exposera beaucoup moins à n'arracher qu'une portion du tubage. Au fur et à mesure que les tuyaux remontent, on fait sauter les petits écrous en frappant sur un burin ou une tranche prise dans leur ligne de contact avec l'extérieur du manchon ; ou si la colonne est rivée, on coupe de même la tête extérieure de la rivure, et à l'aide d'un petit poinçon, on chasse le boulon ou le rivet, qui tombe dans l'intérieur du tube ; et, si l'on ne veut pas les laisser aller au fond du forage, on les reçoit dans un petit récipient qu'on tient suspendu au bout d'un cordage au-dessous de la jonction qu'on défait.

Tuyaux d'ascension. — On utilise très souvent les tuyaux de retenue comme tuyaux d'ascension ; on leur donne alors l'étanchéïté que ne comporte pas le mode d'assemblage que nous avons décrit, en coulant du ciment, ou un béton de ciment, chaux et sable fin, dans l'espace annulaire qui existe entre leur surface extérieure et la paroi du forage ou la surface intérieure d'une colonne qui a été utilisée antérieurement. Si cela n'est pas possible ou n'est pas suffisant, on emploie des tuyaux en fer creux ou en cuivre rouge à manchon à vis (pl. III, fig. 14) que l'on descend exactement comme la tige de sonde ; seulement, pour éviter que la nappe qu'il s'agit de capter par ce tubage ne trouve son passage à l'extérieur de la colonne d'ascension, et ne se perde, en partie, dans les couches plus ou moins absorbantes que la sonde a traversées, on remplit tout l'espace annulaire extérieure du même béton dont il vient d'être question ; mais pour que ce béton n'aille pas masquer les petites ouvertures qui ont été faites dans la partie du tube ascensionnel correspondant à la nappe, on procède de la façon suivante : on choisit par exemple une couche dure ou d'argile gonflante dans laquelle on est sûr de ne pas avoir, au-dessus de la nappe, un agrandissement de diamètre, et on met, sur l'extérieur du tuyau qui devra, en place, se trouver en face de ce passage, un obturateur en chanvre ou *perruque* (fig. 15), dont les longs écheveaux, descendus debout, seront rebroussés en soulevant légèrement le tuyau après qu'on aura jeté sur eux, du

haut, soit des petits graviers, soit mieux de la limaille ou
de la tournure fine de fonte. On obtiendra ainsi un obturateur qui servira de base au béton.

Tuyaux-guides. — Quand un sondage s'exécute sur
le fond d'une excavation ou d'un grand puits creusé antérieurement, ou bien encore sur le fond d'une rivière, etc., le plancher de l'atelier reste, pour les deux
premiers cas, à la surface du sol naturel de l'emplacement, et, dans le troisième cas, sur un ou des bateaux
amarrés à demeure au-dessus du point à sonder. On
descend alors des tuyaux en tôle d'un diamètre correspondant à celui adopté pour le sondage, et d'une longueur suffisante pour relier le plancher de manœuvre au
fond à attaquer sur lequel on fait reposer leur base.
Ce sont les *tuyaux-guides* qu'on met en place exactement comme les tuyaux de retenue. Si le puits qu'on
approfondit par forage a une certaine longueur, on étré-
sillonne cette colonne-guide, sur toute la hauteur libre
du puits, à l'aide de petites moises qu'on arc-boute en
les croisant contre les parois, en ayant soin de maintenir
le tuyau dans une verticalité parfaite

5° RÉPARATIONS DES ACCIDENTS.

Dans les sondages à peu de profondeur, dits *sondages
d'exploration*, les accidents de sonde ne présentent
jamais une grande gravité ; et, à part quelques cas très
rares et tout à fait particuliers, leur réparation se fait
toujours vite et facilement.

Ruptures simples. — Les plus fréquentes sont sans contredit les ruptures de tiges.

Deux cas se présentent :

1° La rupture peut s'être produite dans le tenon même d'un emmanchement mâle ou, ce qui revient à peu près au même, directement au-dessus d'un emmanchement femelle. Dans ce cas, l'extrémité supérieure de la sonde restée au fond offre tout de suite les épaulements de la griffe, ou du pied de bœuf, comme points d'appui, sous lesquels on peut accrocher la tige pour la remonter au sol. On se sert alors de l'outil (pl. I, fig. 27), nommé *caracole* qui n'est autre chose qu'un crochet horizontal dont l'ouverture est un peu plus grande que le carré de la tige à saisir : il est venu de forge au bout d'une petite tige, et son extrémité est en forme de bec affilé, pour faciliter son passage entre la pièce à prendre et la paroi du trou. On sait par la longueur de la partie de sonde qui surmontait le point de rupture, et qui a été sortie du trou aussitôt que l'accident s'est produit, à quel endroit exactement le crochet de la caracole doit être descendu pour se trouver au-dessous des épaulements qu'il s'agit d'accrocher : on descend de 1 ou de 2 mètres plus bas à cause de la flexion que la tige peut avoir prise ; on fait tourner la caracole, et, dès que le carré du fer est venu se placer dans son crochet, la rotation devient impossible ; on remonte en maintenant, avec le manche de manœuvre, l'outil serré contre la tige pour qu'il ne la lâche pas en se détournant ; et bientôt on sent au poids total que les épaulements reposent bien sur la tranche du crochet ; on sort alors la sonde, tige par tige, comme d'habitude, mais en ayant soin de ne pas la tourner en arrière et de ne lui imprimer aucun choc, car sans cela on risque de faire glisser les épaulements et de laisser retomber, par suite de briser, en plusieurs morceaux, la partie de sonde qu'on voulait extraire.

2° Dans le cas où la rupture a lieu dans le corps d'une tige ou en haut au-dessus des épaulements, l'emploi de la caracole n'est pas avantageux ; car, en se prenant sous les épaulements de la tige suivante, on aurait au-dessus du crochet une certaine longueur de fer dont la pointe supérieure butterait, en montant, contre les parois, et ferait ainsi lâcher prise à l'outil. On se sert alors de la *cloche à vis* (pl. I, fig. 28) qui est un cône d'acier fileté intérieurement.

Cette cloche vient coiffer l'extrémité supérieure de la tige rompue et s'arrête sur la cassure même. Alors, en manœuvrant la sonde par rotation, les filets de la cloche mordent et s'impriment en taraudant sur les angles du fer. Il suffit de faire ainsi deux ou trois filets pour que la sonde brisée puisse être solidement harponnée par la cloche qui tient tellement que, dans le cas de coinçage de l'outil au fond, par exemple, on exercerait les plus grands efforts de traction sans qu'elle lâche prise. Si le trou de sonde est d'un diamètre relativement grand par rapport à celui du cercle de base de la cloche, on entoure celle-ci d'un cône de tôle, comme l'indique la fig. 29, pl. I, lequel occupant alors presque toute la section du forage ne peut manquer d'introduire, sans tâtonnement, la tête de rupture dans les filets de la cloche.

Nous devons faire observer que cet outil est d'un emploi moins téméraire que le précédent ; aussi préfère-t-on presque toujours l'utiliser, même pour saisir la sonde, par un taraudage sur la partie cylindrique de l'emmanchement, quand l'accident se produit comme dans le premier cas.

Il arrive quelquefois que la cloche ne puisse pas venir coiffer la tête de la cassure logée de côté dans un creux ; on est obligé alors d'adapter le long de l'outil une petite barre le dépassant un peu, et terminée par un crochet en spirale qui, par un mouvement de rotation, redressera la tige et amènera son extrémité supérieure dans l'axe du trou de sonde où elle sera coiffée par la cloche.

Ruptures complexes. — Si en descendant l'outil de sauvetage dans le trou, on ne rencontre pas la sonde à la profondeur indiquée par la première portion extraite, il y a alors rupture plus ou moins complexe. Dans ce cas, selon l'outil qui est au bas de la sonde, il peut y avoir danger de saisir en premier le tronçon qui porte cet outil, car celui-ci peut se coincer, se déchirer en rencontrant les autres parties brisées. Il importe donc de chercher d'abord à remonter le morceau qui doit faire suite à celui déjà sorti. Il faut se rendre compte de la profondeur à laquelle on commence à rencontrer quelque chose ; pour cela on prend une soupape à clapet, par exemple, dont on maintient le clapet solidement fermé par un bâton qui l'arc-boute intérieurement contre la fourche du cylindre, et on garnit sa base d'argile, de suif, de cire à modeler ou de toute autre matière plastique ; puis on la descend avec précaution sur le premier obstacle qu'elle doit trouver et dont on prend ainsi l'empreinte : on voit si l'on a posé sur la contre-partie de la cassure rapportée au sol avec la première portion de la sonde ; sinon, on utilise un instrument d'un plus petit diamètre pour pouvoir faire une autre empreinte plus bas ; si elle est alors celle qu'on cherche, on descendra à cette même place la cloche à vis qui ira ensuite successivement, et en opérant de même, chercher les morceaux dans l'ordre indiqué par l'extrémité inférieure des tronçons ramenés au jour.

On comprend ici toute l'importance qu'il y a à tenir comme nous l indiquons p. 17, un tableau bien exact de l'ordre et de l'état des tiges composant la sonde.

Dévissage des tiges. — Si l'on ne parvient pas à trouver l'empreinte qu'on cherche, et si il y a nécessité absolue de ne pas s'exposer à accrocher le premier le tronçon de sonde portant l'outil, il faut alors se décider à débarrasser le trou de sonde de ce qui l'encombre, en dévissant tout ou partie des tiges restées au fond. Pour cela on se sert soit d'une caracole à gauche, c'est-à-dire dont le crochet est tourné en sens inverse du vissage des tiges, soit d'une cloche à vis filetée à gauche : on descend l'outil au bout d'une sonde dont tous les emmanchements sont traversés, à peu près au milieu de la hauteur du filet, par une petite goupille en acier de 7 à 8 millimètres de diamètre ; le trou dans lequel on passe celle-ci a été percé au travers de l'emmanchement serré d'abord parfaitement à fond. Ce goupillage permet de tourner la sonde à gauche sans dévisser les emmanchements qui surmontent l'outil de sauvetage ; on comprend que dès qu'on aura saisi le premier obstacle qui se présentera dans le trou, il suffira de quelques rotations, de droite à gauche, pour dévisser une certaine longueur des tiges composant le premier tronçon ; on la remontera, et on ira de même en rechercher successivement une nouvelle longueur, jusqu'à ce qu'on ait la certitude que rien ne s'opposera plus au retrait de l'outil.

Outils prisonniers. — Le dévissage de la sonde est encore nécessaire dans le cas où un outil est retenu au fond par des éboulements, par exemple, pour pouvoir aller le dégager avec des soupapes, tarières, ou autres.

Coinçage d'un outil. — Lorsqu'un outil est coincé au fond, dans une roche très dure, ce qui, comme nous l'avons dit page 4, peut provenir d'un trépan mal calibré, ou bien encore d'un jeu de la paroi, on tend fortement la sonde à la chaîne, et avec de gros maillets de bois, deux hommes, placés en face l'un de l'autre, frappent alternativement à coups redoublés sur la tige ; on produit ainsi des vibrations rapides, transmettant à l'outil une sorte de va-et-vient sur place qui finit par user la roche ou le métal à l'endroit coincé. Si après avoir prolongé cette manœuvre assez longtemps on n'obtient pas le résultat voulu, on a alors recours aux abatages qu'on opère sur les tiges comme on l'a fait pour les tuyaux (pl. III, fig. 16), ou bien aux efforts de traction habituels parmi lesquels le mieux est de recourir à l'emploi d'un *mouton* ou masse pesante (pl. I, fig. 30) qu'on fait mouvoir le long de la tige supérieure à l'aide de cordes et à la tiraude : en frappant en haut et en bas contre deux embases venues de forge ou rapportées sur cette tige, on imprime des chocs violents en montant et en descendant, et on arrive à faire prendre à l'outil un certain jeu dont la course augmentera progressivement jusqu'au dégagement complet.

Mouflage de la chaîne. — Au lieu de faire emploi du mouton, ou quand on veut simultanément opérer une tension plus forte sur la sonde, on se sert de la *poulie mobile* (pl. II, fig. 8) à l'aide de laquelle on moufle la chaîne. Le brin mort de la chaîne est accroché en face de l'axe de la poulie de la chèvre, et à une distance de celui-ci égale au diamètre de la poulie folle. L'axe de cette dernière porte une cravate horizontale enveloppant la poulie, et un étrier vertical auquel on suspend la sonde. La puissance du treuil se trouve ainsi doublée sans qu'on ait à augmenter le nombre des ouvriers manœuvres.

Les deux brins de la chaîne s'assemblent par le maillon mobile, figure 5.

On fait encore usage de la poulie mobile quand, dans les sondages un peu profonds, le démarrage de la sonde devient pénible, au moment de la montée, soit à cause de son poids, soit à cause d'un serrage de l'outil au fond. On reprend alors la poulie simple, dès qu'on le peut, parce que la chaîne mouflée remonte deux fois moins vite que la chaîne simple.

Retrait de fragments d'outils. — Il arrive quelquefois qu'on a au fond un morceau de tige trop court pour être pris par la cloche à vis, ou un fragment d'outil qui ne peut être saisi par aucun des deux instruments raccrocheurs dont nous avons parlé. Si l'on se trouve dans des terrains très tendres, et si le morceau est de très petites dimensions par rapport au diamètre du forage, on ne se préoccupe pas de cet accident; car le débris se loge promptement dans la paroi, et, s'il s'en détache, il sera remonté au milieu des autres détritus soit par la tarière, soit par la soupape. Mais s'il est assez

gros pour gêner le fonctionnement du trépan, il vaut
mieux tâcher de le retirer que de chercher à le broyer.
On s'est servi longtemps à cet effet d'un outil appelé *tire-
bourre* (pl. I, fig. 31), mais nous n'en conseillons pas
l'emploi, surtout dans des trous de petit diamètre; car on
ne peut pas donner au fer une section suffisamment ré-
sistante, et en forçant pour saisir l'objet à retirer, on
court le risque de faire ouvrir la spirale et de ne plus
pouvoir remonter l'outil. Il vaut beaucoup mieux faire
un crochet horizontal, ou légèrement incliné, à pointe
d'acier, qui servira à empâter le morceau dans de l'argile
jetée du haut par petites boules, pour permettre de le
sortir ensuite dans une soupape, ou dans le cornet de la
cloche à vis.

Rectification d'un trou de sonde. — Il arrive que,
soit par suite d'un manque d'attention de la part de
l'ouvrier qui est au manche de manœuvre, soit par l'effet
d'un défaut d'homogénéité de la roche qu'on traverse, et
qui présente des parties très dures noyées dans une
masse beaucoup plus tendre, le trépan laisse dans la
paroi des saillies appelées *cornes* (Voir. p. 3), ou que le
forage sorte momentanément de la verticalité et tende à
prendre une forme plus ou moins sinueuse. Il est de la
plus grande importance qu'on corrige ces défauts aussitôt
qu'on commence à les apercevoir; et, sans nous occuper
des outils spéciaux dont on pourrait faire usage, mais
dont la description ne serait pas opportune ici, car leur
emploi exige une pratique qui ne cadrerait pas avec les
limites de ce petit traité, nous allons indiquer le moyen
facile et sûr de rectifier le trou de sonde. Pour cela
il suffit de jeter dans celui-ci des morceaux d'une

roche au moins aussi dure que celle qu'on traverse ; on les pilonne au fond avec un tampon de bois dur vissé dans la cloche à vis par exemple, et on continue à en mettre, en les damant au fur et à mesure, en quantité suffisante pour que le trou soit rempli jusque par dessus le point où commence la saillie ou la déviation. On descend alors le trépan qu'on fait battre sur le remplissage comme sur la roche vierge ; l'approfondissement se fait uniformément en faisant disparaître petit à petit l'irrégularité qui s'était produite.

Nous n'avons pas la prétention d'avoir ici passé en revue tous les accidents qui peuvent se présenter dans les sondages, mais nous pensons que ce que nous venons de dire sur ce sujet est largement suffisant pour les limites que nous nous sommes assignées. Car nous sommes sûr que, dans les sondages à faible profondeur, il arrivera bien rarement qu'on ait non pas seulement à traiter l'un de ces cas, mais encore à recourir à un instrument de sauvetage autre que la cloche ou la caracole.

DEUXIÈME PARTIE

SONDAGES A DIVERSES PROFONDEURS

De tout ce qui précède il ressort bien que les moyens d'exécution des forages varient avec la nature des terrains à traverser, mais surtout avec la profondeur qu'on se propose d'atteindre. Les considérations sur lesquelles nous avons insisté, à cet égard, ne permettent évidemment pas de fixer des limites rigoureuses pour la profondeur à laquelle un appareil plus simple doit faire place à un autre plus compliqué et plus résistant; mais nous devons dire que la pratique a créé des sortes de règles, en vertu desquelles on combine ensemble les dimensions du forage en hauteur et en diamètre, le poids à donner à la sonde, la force des tiges, etc., etc., pour former des groupes d'outils, ou compositions de matériels, gradués, et désignés même d'après la grosseur du fer de la tige de sonde ; celle-ci est elle-même, en quelque sorte, en raison de la profondeur et du diamètre du sondage.

C'est ainsi que les tiges de sonde, et les emmanchements dont elles sont munies portent les numéros 6, 5, 4, 3, 2, etc., suivant que le carré de leur fer est de :

20, 25, 30, 35, 40 millimètres, etc.

et que nous disons qu'une sonde n° 6, c'est-à-dire n'ayant que des tiges ou emmanchements n° 6, ne doit être utilisée que jusqu'à 10 ou 15 mètres, et pour forer à un diamètre de 70 millim. ou 100 millim. au plus ;

Une sonde n° 5 servira jusqu'à 25 ou 30 mètres de profondeur, et forera au diamètre de 70 à 135 millim. ;

Une sonde n° 4 jusqu'à 40 ou 50 mètres, et 70 à 150 millim. de diamètre.

A 60 mètres il convient déjà d'employer les tiges n° 3 pour le bas de la sonde en gardant du n° 4 pour la partie supérieure ; on constituera alors ainsi une sonde n° 3 et 4 avec laquelle on ne dépassera pas le diamètre de 200 millim.

De même pour 80 ou 100 mètres, avec diamètre maximum de 250 millim., on emploiera une sonde n° 2 et 3.

Nous arrêterons là notre nomenclature, car nous dépasserions notre but, si nous parlions des n°ˢ 1, 0, 00, etc., qui se rapportent aux forages dont la profondeur doit être de plus de 100 mètres, ou à ceux dont le diamètre atteint 0^m,300, 0^m,500, 0^m,700, 1^m,00, etc.

Notre programme se trouve donc bien défini ; et nous allons examiner successivement les procédés à mettre en œuvre, pour forer aux diverses profondeurs qui auront pu être fixées approximativement d'avance.

Sondages de 2 mètres à 2ᵐ,50 de profondeur.

Sonde Palissy. — Si l'on veut faire rapidement l'étude superficielle d'un terrain, par exemple pour rechercher une source, de la marne d'amendement, du sable, de la tourbe, ou pour sonder le lit d'un petit cours d'eau, etc., on emploie un instrument spécial appelé Sonde Palissy (pl. I, fig. 32), du nom du célèbre potier qui a le premier donné la description d'un appareil de ce genre.

Cette petite sonde se compose d'une tige en fer carré de 16 millim. portant à l'une de ses extrémités une *tarière à mouche rubannée*, et à l'autre un petit *trépan* en acier ; ces deux outils ont le même diamètre de $0^m,04$. Une douille en fonte est disposée de manière à pouvoir glisser tout le long de la tige, et se fixer à telle hauteur qu'on juge convenable, à l'aide d'une vis à pointe d'acier ; elle est munie de deux petites tubulures latérales, dans chacune desquelles on loge l'extrémité d'un manche en bois rond, et l'on constitue ainsi un véritable *manche de manœuvre* analogue à celui que nous avons décrit page 21.

Pour faire fonctionner cet instrument, on fixe d'abord le manche à 1 mètre environ de hauteur, pour que l'homme qui le manœuvre puisse appuyer dessus de tout son poids, et faire mordre ainsi la tarière dans le terrain, en imprimant à celle-ci le mouvement de rotation. Avant de mettre l'outil en œuvre, on a eu soin de bien piétiner la place où le sondage doit se faire, afin de donner une certaine consistance à la surface, sur laquelle même on doit répandre un peu d'eau d'abord si la terre est trop friable.

On fore alors le trou, exactement à la façon du charpentier qui perce du bois avec une tarière, en tournant de gauche à droite, et en ayant soin de détourner l'outil de temps en temps pour le dégager. On ne doit pas attendre pour le sortir que la tarière soit plus que remplie ; car la terre s'y tasserait à un point tel qu'elle ne pourrait plus faire place à celle que détache la pointe de la mouche, et qui monte par la petite spirale en poussant l'autre jusqu'au haut du cylindre de l'outil. On ramène ainsi chaque fois un échantillon du terrain au-dessus de la mouche. Il est bien entendu que le manche de manœuvre se remonte à mesure que l'approfondissement augmente.

Dans un terrain maigre et sec, on est obligé de jeter souvent de l'eau dans le trou de sonde pour faciliter le jeu de l'outil, pour permettre à celui-ci de ramener au jour la terre à travers laquelle il a pénétré, et pour donner de la consistance aux parois qui, en s'éboulant, boucheraient le trou dès qu'on retirerait la sonde.

Si l'on rencontre un caillou, ou tout autre corps dur, sur lequel la pointe de la tarière pivote sans descendre, on retourne l'instrument, et on fait agir le petit trépan qu'on soulève et qu'on laisse retomber alternativement en le faisant chaque fois tourner un peu. On arrive ainsi à broyer ou à déplacer l'obstacle rapidement ; sinon, c'est qu'on se trouve en présence d'un galet ou d'un bloc trop dur ou trop gros ; dans ce cas il y a avantage à abandonner le petit forage commencé, pour se reporter un peu plus loin, où, en quelques instants, on aura atteint et dépassé la profondeur à laquelle on avait été obligé de s'arrêter.

Si l'on craint que, malgré le piétinement dont nous avons parlé plus haut, l'orifice du trou n'ait des tendances à s'ébouler pendant le travail, on fera bien de poser sur le sol un petit plancher carré, de 0 mètre 70 à 0 mètre 80 de côté, au centre duquel on percera un trou correspondant au diamètre de la tarière et qui formera l'amorce du trou de sonde.

Sondages à 15 mètres et au-dessous. *Sonde n° 6.* — Au delà de 2 mètres à 2 mètres 50, on ne peut plus employer commodément une sonde d'une seule pièce, parce que non seulement il serait assez difficile de la monter et de la descendre à la main, mais encore parce que la flexibilité de la tige, au-dessus de l'orifice du trou de sonde, rendrait le maniement de l'outil presque impossible, surtout pour commencer le forage.

Nous voilà donc dès à présent conduits à donner à l'appareil la longueur qui lui est nécessaire au moyen de tiges ou allonges, s'assemblant les unes au bout des autres, par conséquent à faire entrer dans sa composition, en outre des outils de forage et de curage, ceux que nous avons appelés outils de manœuvre : nous faisons observer toutefois que, jusqu'à des profondeurs de 7 à 8 mètres, la sonde a encore assez peu de poids pour pouvoir être manœuvrée directement à bras, sans le secours de câble, ni alors de la *chèvre*, de la *poulie*, de *l'esse*, de la *clef de relevée* et de la *tête de sonde* qui sont nécessaires pour faire fonctionner la sonde de 10 à 15 mètres. (Voir la composition de la sonde de 7 mètres, page 129.)

Pour les sondages de 10 à 15 mètres, on fait usage d'un appareil n° 6 dont la composition, détaillée page 130, peut recevoir certaines modifications suivant la nature des terrains qu'on a à traverser, ou suivant les conditions dans lesquelles se trouve l'emplacement du travail. La chèvre à 3 pieds (pl. II, fig. 1) qu'on doit employer est toute en fer ou en bois ferré ; elle a 3 mètres 50 de hauteur ; elle est maintenue solidement en place, pendant le travail, à l'aide des trois pointes d'acier qui sont la base de ses montants. Ceux-ci portent chacun, à leur extrémité supérieure, une boucle de fer servant à les assembler au moyen d'un boulon, qu'on fait assez long pour qu'il reste, de chaque côté de la boucle du milieu, une place pour loger les deux anneaux d'un petit étrier suspendu ainsi au même boulon. C'est à cet étrier que s'accroche la poulie à chape, folle sur son axe, dont la gorge reçoit le câble qui va servir à la manœuvre.

Pour commencer le forage, supposons, comme c'est le cas le plus général, que le terrain de la surface soit assez tendre pour que la tarière puisse y pénétrer. On va d'abord damer et humecter la terre pour donner un peu de consistance à sa surface, sur laquelle on posera un petit plancher carré, de 0 mètre 90 à 1 mètre de côté environ ; au centre de celui-ci on aura percé, comme pour la sonde Palissy, un trou d'amorce bien à l'aplomb du câble descendant dans l'axe de la chèvre. On vissera sur la *tarière ouverte* de 0 mètre 095 de diamètre *l'allonge d'un mètre*, à laquelle on adaptera la *tête de sonde*. On accrochera cet ensemble, à l'aide de l'*esse à brides*, à la boucle qui forme une des extrémités du câble. Puis *le manche de manœuvre* étant fixé à hauteur convenable sur la petite allonge, le chef sondeur le prend dans ses mains pendant qu'un homme, placé à l'extrémité libre du câble, raidit celui-ci légèrement pour que la sonde se tienne verticalement. On rendra progressivement du câble, à mesure qu'on approfondira, en procédant exactement comme avec la tarière Palissy.

Quand on aura traversé toute l'épaisseur du terrain

meuble, ou quand on aura fait un avant-trou convenable pour commencer le tubage, on placera les tuyaux de 0 mètre 080, pour continuer le forage avec les outils de 0 mètre 070.

La manœuvre du trépan se fait simplement à la tiraude ; le chef sondeur commande « *enlevez* », son aide tire sur le câble pour soulever la sonde de 25 à 50 centimètres et la laisser retomber de tout son poids, en rendant brusquement la main, au commandement de « *lâchez* » ; le trépan pénètre en faisant une strie sur le fond, et pendant le court instant que l'on met à tendre la corde avant de soulever de nouveau l'outil, le chef de manœuvre force sur le manche, en agissant dans le sens du vissage de la sonde, pour produire de petits éclats de la roche, en même temps qu'il resserre ainsi les emmanchements qui peuvent tendre à se dévisser ; c'est ensuite, pendant que la sonde est enlevée, qu'on fait faire au trépan un sixième à un dixième de tour pour obtenir le trou cylindrique.

Les tiges de sonde n'ayant que deux mètres de longueur, la manœuvre de la sonde se fait facilement avec les deux seuls ouvriers employés pour le forage ; car il n'y a pas à monter dans la chèvre pour décrocher les tiges les unes après les autres : après les avoir dévissées, le chef de manœuvre les soulève à la main pour les sortir du pied de bœuf et les poser une à une à côté de lui.

Sondages de 15 à 30 mètres. *Sonde n° 5.* — Bien que la sonde n° 6, dont nous venons de parler, puisse être utilisée jusqu'à 20 mètres et même au delà, quand la nature des terrains à traverser le permet, et si elle est confiée à des mains soigneuses, nous n'engageons pas à prendre un appareil d'aussi petite dimension, si l'on sait d'avance qu'on doit atteindre cette profondeur ; car son poids devient alors déjà assez fort pour qu'il faille l'emploi de deux hommes pour le manœuvrer à la tiraude ; et cela étant, il vaut mieux recourir à un appareil plus résistant, dont le poids, tout en restant dans la limite de l'effort qu'on peut demander à deux hommes agissant sur des manivelles, sera assez grand pour produire, dans l'attaque du terrain, un effet utile beaucoup plus considérable.

La sonde sera alors du n° 5 (p. 130), c'est-à-dire que le carré du fer des tiges sera de 25 millimètres, et la rigidité de celles-ci sera alors déjà asssez grande pour permettre de leur donner une longueur de 3 mètres. Le jeu de tiges est complété par les deux allonges de 1 et de 2 mètres.

La chèvre, dont on fait usage ici, est en bois (pl. II, fig. 2) ; elle a 5 mètres de hauteur ; elle est formée de trois montants dont deux, appelés *hanches* de la chèvre, sont réunis par des traverses ou *épars*, retenues en assemblage par des clefs ou chevilles en bois ; nous donnons le nom d'*échelle* à cette partie composée des deux hanches et de leurs cinq traverses ; les deux hanches se rapprochent par le haut, en conservant entre elles un écartement dans lequel se loge la partie supérieure du troisième montant nommé *pied de chèvre* ou *bicoq*. Un boulon horizontal réunit les têtes des trois montants, et le pied peut s'écarter des deux autres autant qu'il est nécessaire pour donner à l'appareil toute la stabilité voulue. Sur le haut des deux premiers montants, un peu au-dessous du boulon d'assemblage, se place la poulie à gorge qui est folle sur son axe ; deux sortes de *chantignolles* remplissent à peu près le vide existant entre les faces verticales de la poulie et l'intérieur des deux montants, afin d'augmenter la longueur supportée de l'axe, et pour empêcher la poulie de se promener en glissant sur celui-ci. En vue du graissage qui doit se faire avec soin, la poulie est munie, à son moyeu, d'un petit trou oblique qui aboutit à une chambre à huile ménagée entre ses deux portées de roulement (pl. I, fig. 33). Pour y atteindre, l'ouvrier monte sur les traverses de l'échelle, sur lesquelles il a encore à grimper pour la manœuvre du pied de bœuf, pendant la montée ou la descente de la sonde. Les trois montants ont leur pied garni de frettes en fer, et leur extrémité supérieure de flasques, ou plaques de garde, en tôle.

Le *tambour* de manœuvre est en bois ferré et monté sur un arbre en fer. Il est fixé à 1 mètre 20 environ de hauteur, sur les deux hanches de la chèvre, par deux paliers boulonnés ; son arbre porte une manivelle à chacune de ses extrémités ; et près de l'un des paliers il est muni d'une roue dentée en fer, ou *rochet*, dans les dents duquel butte le bout d'acier d'un doigt, appelé *chien d'arrêt*, monté à articulation dans une petite chape avec tige et écrou adaptée à la hanche correspondante de la chèvre.

S'il y a lieu d'adopter l'emploi de la chèvre en fer, on se munira de celle représentée Pl. V fig. 1 dont les hanches sont en fer cornière, les épars en fer plat arrondi et le bicoq en fer à T. : ce dernier porte des échelons en fer plat formant échelle de perroquet, pour servir au graissage de la poulie et à la manœuvre du pied de bœuf, lors de la montée et de la descente de la sonde.

Pour manœuvrer la sonde, on accrochera la première maille de la chaîne au crochet en fer fixé sur l'une des extrémités du tambour, et on remontera ou on descendra les tiges les unes à la suite des autres, comme nous l'avons indiqué page 17. S'il s'agit de descendre la sonde, on maintient le chien d'arrêt relevé ; l'un des deux hommes de manœuvre remonte le pied de bœuf à vide aussi vite que possible, en faisant tourner une des manivelles à l'aide d'une seule main ; il prend cette manivelle tout à fait par le bout, et accélère le mouvement en faisant décrire en quelque sorte à son bras un cône dont l'épaule serait le sommet. Pendant ce temps son compagnon monte accrocher la tige : On la visse sur la précédente et on la descend dans le forage, soit en détournant aux manivelles, soit en laissant dévirer le moulinet dont on tempère la vitesse, ou qu'on arrête même à volonté, à l'aide d'un levier en bois, arc-bouté par un de ses bouts en dessous d'une traverse de la chèvre, pendant qu'en pesant sur l'autre extrémité on le serre, pour faire frein, sur le tambour.

Pour remonter la sonde, on rabat le chien d'arrêt qui soulage le travail des hommes aux manivelles. Aussitôt que la tige à dévisser est entièrement hors du trou, *laccrocheur* monte pour la dégager du pied de bœuf l'autre aide, qui reste à la manivelle pour soulever la sonde près le dévissage, relève le chien d'arrêt pour que le pied de bœuf puisse être redescendu rapidement, jusqu'au plancher, en faisant encore dévirer le tambour.

Le battage au trépan s'exécute ici de la manière suivante : Quand la sonde est descendue à fond et qu'on a substitué la tête de sonde au pied de bœuf, on déroule toute la chaîne qu'on dégage du tambour en la laissant pendre par terre devant lui. On lui attache, à une certaine hauteur, et à l'aide du petit moraillon pl. I, fig. 34, un câble en chanvre de 30 à 35 millimètres de grosseur qu'on enroule d'un ou de deux tours sur le tambour, pour mettre ensuite son extrémité libre dans les mains de l'homme qui va battre en se plaçant en face du trou de sonde. Le batteur tire à deux mains sur la corde en penchant progressivement le corps en arrière, pendant que son camarade tourne à la manivelle. Cette tension produit une adhérence assez forte du câble sur le tambour pour qu'il n'y ait pas de glissement, et la sonde se soulève. Lorsqu'elle arrive à la hauteur correspondant à la chute qu'on veut donner au trépan, le chef commande « *lâchez* », le batteur porte alors brusquement le corps en avant, en allongeant en même temps les bras, pour donner au câble le plus de lâche possible, sans l'abandonner ; il fait ainsi cesser subitement l'adhérence avec le tambour, et la sonde tombe de tout son poids ; immédiatement, au commandement de « *enlevez* », il tend de nouveau son câble, sans que le second ait cessé de tourner la manivelle, et le trépan va frapper un nouveau coup dans la nouvelle position que lui aura fait prendre le chef de manœuvre.

Sondages de 40 à 50 mètres. *Sonde n° 4.* — A mesure que la profondeur à atteindre est plus grande, on comprend l'intérêt qu'il y a à diminuer le nombre des assemblages des tiges, pour économiser sur le temps passé au vissage et au dévissage des emmanchements, quand on descend et remonte la sonde. C'est pourquoi, à mesure que la force du fer des tiges augmente, et qu'on a moins à redouter les effets de leur flexibilité, on leur donne une plus grande longueur. Aussi voyons-nous déjà (détail p. 131 et 132) la sonde composée de tiges de 4 mètres avec un jeu d'allonges d'un, de 2 et de 3 mètres.

La chèvre à trois montants décrite tout à l'heure serait encore assez forte et assez élevée, mais il est préférable d'employer une chèvre en bois à quatre montants (pl. II, fig. 3) de 6 mètres de hauteur, formée de deux *échelles* semblables chacune à celle de la chèvre précédente, et qui sont réunies à articulation par un axe en fer servant d'arbre fixe à la poulie. L'échelle de devant est plus étroite que l'autre. Ici encore des plaques de tôle garnissent, en dedans et en dehors, les extrémités supérieures des montants dont les pieds sont munis de frettes en fer. On donne aux deux échelles l'écartement nécessaire pour que la chèvre ait toute la stabilité désirable.

La manœuvre se fait à l'aide d'un petit treuil-applique, fixé sur l'échelle étroite de la chèvre, et auquel on donne le nom de *treuil-chèvre*. Il se compose d'un arbre à manivelles portant le pignon qui commande une roue d'engrenage calée sur l'axe d'un tambour en fonte : les deux arbres tournent dans des paliers en fonte faisant corps, deux à deux, avec les semelles également en fonte, qui s'adaptent à de petits montants en bois boulonnés eux-mêmes sur les deux premières traverses de la chèvre. L'arbre du pignon a une longueur assez grande pour que les manivelles se trouvent en dehors des montants de la chèvre. Sur l'arbre du pignon à gauche est clavetée une *roue à rochet*, engrenant avec la dent d'un cliquet, ou *chien d'arrêt*, porté par une petite entretoise du treuil autour de laquelle il peut tourner. Cette entretoise du haut est particulièrement utile pour maintenir l'écartement des deux bâtis du treuil, et sert aussi d'axe à une *main d'arrêt* en fonte, mobile comme le cliquet, et dont l'extrémité se rabat en embrassant l'arbre à manivelles exactement entre une embase venue de forge et le palier de gauche ; le pignon se trouve ainsi maintenu engrené avec la roue ; si on soulève la main d'arrêt on peut au contraire le dégrener en poussant de droite à gauche l'axe des manivelles. Pour se prêter à cette manœuvre le pignon n'a qu'une seule joue placée à gauche. La roue d'engrenage est munie d'une poulie de frein, venue de fonte et tournée sur sa circonférence extérieure ; la bande du frein qui enveloppe cette poulie est en fer plat, garnie intérieurement par des portions de jante en bois dur, et terminée, à chacune de ses extrémités, par une chape en fer, dont l'une s'adapte à articulation à l'entretoise du bas, et l'autre avec le levier de manœuvre : ce levier est en fer ; il a une assez grande longueur totale ; son axe de rotation se trouve sur l'entretoise du bas, très près de son assemblage avec la bande, de sorte qu'il faut un très faible effort, et un très petit mouvement à son extrémité, pour produire un serrage très énergique des jantes en bois sur la poulie. Il suffit de maintenir ce levier très légèrement levé pour faire cesser complètement cette adhérence.

Ici il convient d'adjoindre trois hommes au chef de sonde, si l'on veut que toutes les manœuvres s'exécutent avec rapidité et précision.

La chèvre en fer qu'on utiliserait ici (pl. V, fig. 2) a l'échelle postérieure, construite, comme celles précédemment décrites, en fers cornières et fers plats arrondis : l'échelle antérieure qui porte le treuil-applique est composée de fers cornières réunis par de petites entretoises. Les montants, sur lesquels se boulonnent les bâtis du treuil, sont en fer à U, inclinés dans leur partie supérieure pour arriver au contact des montants en cornière de la chèvre. Ces fers à U sont reliés, en bas et au milieu, par deux traverses en fer plat, et, en haut, par une tôle épaisse en forme de trapèze : les fers à U, les traverses et la plaque de tôle sont assemblés solidement par des rivets, de manière à former un châssis très rigide, qui constitue le prolongement inférieur de l'échelle antérieure, à laquelle il est fixé à l'aide de boulons prenant sur sa tôle et sa traverse du milieu. Une petite plate-forme s'accroche à la seconde traverse du haut de l'échelle pour servir à la manœuvre du pied de bœuf.

Pour descendre la sonde, les tiges étant supposées dressées dans la chèvre dans l'ordre qu'elles doivent suivre, le chef de sonde se met au frein qu'il quittera, pour aider au treuil, quand la sonde à soulever sera un peu lourde pour les deux hommes qui seront aux manivelles ; le troisième est resté sur le trou de sonde pour opérer le vissage ; le chien d'arrêt est levé ; un des hommes de manœuvre tourne rapidement la manivelle à vide pour faire monter la chaîne, comme nous l'avons indiqué p. 52, pendant que l'autre a grimpé sur les traverses, pour introduire dans le pied de bœuf l'emmanchement de la première tige : celle-ci est alors soulevée par un tour de manivelle, et amenée par le visseur au-dessus du trou de sonde ; on lâche un peu de chaîne pour laisser faire le vissage ; puis on soulève légèrement pour pousser la griffe : en même temps le chef de manœuvre appuie sur le frein, et commande « *dégrenez* » ; à cet effet on soulève la main d'arrêt, et on tire l'arbre de droite à gauche ; la sonde se trouve ainsi suspendue uniquement par l'effet du frein qu'on desserre, avec mesure, pour laisser descendre le tout, rapidement, mais de manière à être maître d'arrêter instantanément la descente, sans choc, quand l'emmanchement approche de la griffe, que le visseur met en place, et sur laquelle le chef de sonde, toujours au frein, va laisser l'épaulement venir se poser doucement. On lève le frein, on engrène le pignon, on rabat la main d'arrêt et on fait remonter le pied de bœuf pour saisir la tige suivante et ainsi de suite.

Pour remonter la sonde chacun reprend le même poste. Le chien et la main d'arrêt sont rabattus, et le levier de frein relevé, pendant qu'on monte la tige à l'aide des manivelles, jusqu'à la hauteur nécessaire pour laisser place à la griffe sous l'emmanchement de la tige suivante ; le chef de sonde serre le frein en criant « *halte* » aux hommes des manivelles ; on relève le chien et la main d'arrêt ; le visseur place la griffe, sur laquelle se pose doucement l'épaulement par un léger glissement du frein ; on dévisse, on soulève la tige par un tour de manivelle, le chef de sonde serre le frein, commande « *dégrenez* » et aussitôt après il laisse dévirer la chaîne en soulevant le levier, pendant qu'on déplace la tige pour la faire poser verticalement sur le plancher dans la chèvre ; le *décrocheur* la dégage du pied de bœuf que le visseur tire à lui pour accrocher la tige suivante.

Immédiatement on engrène, on rabat le chien et la main d'arrêt, on tourne aux manivelles et ainsi de suite.

Le forage au trépan s'exécute ici le plus souvent en produisant la percussion, comme dans le cas précédent, à l'aide d'un câble enroulé une ou deux fois sur le tambour. Mais on peut aussi battre au frein en procédant de la manière suivante : Le chien et la main d'arrêt sont levés, mais le chef de manœuvre qui est au levier du frein doit avoir l'œil sur le pignon, pour être certain qu'il ne se dégrène pas en temps inopportun. Il laisse soulever la sonde aux manivelles jusqu'à 0ᵐ50, 0ᵐ60, ou plus, de hauteur, et il commande « *dégrenez* », tout en serrant fortement le frein qui tient ainsi un moment toute la sonde suspendue ; il lève brusquement le levier pour laisser tomber le tout, et, au moment ou le bruit du choc sur le fond se produit, il serre instantanément le levier pour empêcher la chaîne de continuer à dévirer, et la sonde de fléchir ; il commande en même temps « *engrenez* », soulève le frein pour laisser de nouveau monter la sonde, pendant que l'homme qui est au manche de manœuvre tourne légèrement pour déplacer le trépan.

Sondages de 60 à 80 mètres. *Sonde nº 3-4.* — Comme nous l'avons dit p. 44, il faut déjà donner aux tiges, composant le bas de la sonde, une force de résistance qui leur permette de supporter le poids de toute la partie supérieure, surtout à cause de l'effet produit pendant la percussion, qui occasionnerait la flexion ou la rupture de ces tiges. Nous voyons alors entrer dans la composition de l'appareil (p. 132 et 133), les tiges nº 3, qui se visseront sur les outils munis tous d'un emmanchement mâle de ce même numéro, puis le raccord nº 3-4, tige destinée à relier la portion nº 3 de la sonde à celle nº 4.

Nous n'avons pas besoin de dire que si le forage ne doit atteindre que 60 mètres, ou dépasser de très peu cette profondeur, on peut exécuter encore toutes les manœuvres avec la chèvre et le treuil-chèvre décrits dans l'article précédent, surtout si, comme nous le supposons dans le détail G (p. 132) le plus grand diamètre du trou de sonde n'est que de 155 millimètres ; mais si ces deux limites, ou l'une d'elles, doivent ou peuvent être dépassécs, il sera prudent de manœuvrer la sonde à l'aide du treuil n° 3, indiqué dans le détail suivant H (p. 134) qui met à la disposition du sondeur une puissance plus forte que celle du treuil-chèvre.

Et si, dans cette même éventualité, on fait emploi d'une chèvre en fer, il conviendra de se servir de celle à 4 montants figurée pl. V, fig. 3. Ses deux échelles sont à articulation indépendante de la poulie dont l'axe est porté par deux des montants ; les 4 montants sont en fer à U et les traverses en fer plat arrondi.

Avec cette chèvre, on peut placer sur l'autre échelle une seconde poulie pour, le cas échéant, manœuvrer le mouton, décrit page 38.

Les deux échelles sont reliées, à hauteur convenable, par des traverses contre lesquelles s'appuient les tiges à leur sortie du forage. Une petite plate-forme sert, comme nous l'avons déjà vu, pour la manœuvre du pied de bœuf.

Quoiqu'il en soit, dans l'un et dans l'autre cas, il faudra ici employer d'abord trois hommes de manœuvre, en sus du chef de sonde, pendant toute une première période du sondage jusqu'à la profondeur de 35 à 40 mètres environ, puis, le poids à soulever devenant plus grand à mesure qu'on approfondit, il faudra mettre un homme de plus aux manivelles pour pouvoir atteindre 60 mètres, et en ajouter encore un ensuite pour aller jusqu'à 80 mètres.

Pour la manœuvre avec le treuil-chèvre, nous n'avons qu'à renvoyer, en tous points, à ce que nous avons dit pour la sonde n° 4.

Le treuil n° 3 (pl. III, fig. 1) s'installe à 1 ou 2 mètres en avant de la chèvre. Les patins de ses bâtis verticaux en forme d'A (pl. III, fig. 17) portent des trous destinés à recevoir les boulons de fixation au sol de l'atelier, ou plutôt à des pièces de bois disposées de manière à rendre cet engin solidaire de la chèvre. A cet effet on place, sous chacune des deux échelles de la chèvre, une pièce de bois ou semelle parallèle à leurs traverses ; on pose perpendiculairement, par dessous, deux longuerines carrées, de 0^{m}20 sur 0^{m}20 environ, symétriques par rapport au trou de sonde, et ayant entre elles, d'axe en axe, un écartement égal à celui qui doit exister entre les deux bâtis du treuil ; deux autres pièces sont placées au-dessous, à angle droit avec les précédentes, et à l'aplomb des trous des boulons de fixation qui passent au travers de ces deux épaisseurs de bois. Si ce système de fondation n'est pas assez résistant pour empêcher le treuil de se soulever, lors des grands efforts qu'on peut être appelé à produire, on charge le plancher qui recouvre les pièces de bois, avec des outils pesants, de grosses pierres, etc.

Nous allons maintenant procéder au montage du treuil pièce par pièce, ce qui nous permettra de détailler en même temps les divers organes dont il se compose.

On commence par dresser un des bâtis qu'on boulonne à sa semelle ; on apporte ensuite le tambour, monté à demeure sur son axe en fer, sur lequel est clavetée la roue d'engrenage à poulie de frein, et qui porte en outre deux manchons ou parties d'embrayage dont nous parlerons plus loin : on élève cet ensemble, sur des cales en bois, à hauteur convenable pour introduire l'un des tourillons de l'axe dans l'œil en bronze qui existe à cet effet à mi-hauteur du bâti ; on boulonne sur ce bâti, par une de leurs extrémités, les deux entretoises à embase dont la place est indiquée par les deux macarons qu'on voit au bas de chacune des branches de l'A ; on introduit l'autre bout de l'axe du tambour et de ces deux entretoises dans le deuxième bâti dont on fixe le patin, et au dehors duquel on visse les écrous des entretoises. Cela fait, on ôte les chapeaux des bâtis, on sort de chacune des cages, qui forment leur tête, la glissière à œil destinée à porter l'entretoise du haut, et le demi-coussinet supérieur en bronze qui est au-dessous ; on pose sur le demi-coussinet inférieur l'arbre qui porte le pignon et la roue à rochets ; on replace le demi-coussinet supérieur ; puis on introduit simultanément les deux glissières réunies par l'entretoise du haut, que l'on a préalablement garnie de la main et du chien d'arrêt, ainsi que d'une petite pièce à charnière, appelée *toc*, dont le doigt se replie à angle droit pour servir de support au chien quand il doit rester levé. On boulonne sur les bâtis les deux chapeaux qui portent, dans le milieu, une vis à pointe d'acier destinée à empêcher les coussinets et glissières de se soulever dans la cage, et à donner du serrage aux coussinets quand ils prennent du jeu par l'usure. Des trous d'huile sont ménagés dans les coussinets et les œils des bâtis pour faciliter le graissage des arbres. Pour achever l'installation du treuil il n'y a plus qu'à fixer, par des écrous, les manivelles aux extrémités de l'arbre du pignon, et à placer la bande de frein sur la poulie de la roue d'engrenage : une des chapes d'extrémité de cette bande s'adapte, à articulation, sur un goujon fixé au bas du bâti voisin, symétriquement par rapport à un autre goujon qui fait axe de rotation du levier de frein, sur lequel l'autre chape s'articule tout près de là.

Cela posé nous pourrions maintenant répéter textuellement ce que nous avons dit, à l'occasion du treuil-chèvre, pour la manœuvre de montée et de descente de la sonde ; nous ne recommencerons donc pas la description que nous avons faite p. 54 et suivantes. Seulement comme on peut avoir déjà ici une sonde composée de tiges de 5 ou 6 mètres de longueur, il n'est peut-être pas mauvais de donner, dès maintenant, les procédés à l'aide desquels, lors de la descente de la sonde, on arrive plus vite qu'avec le moyen indiqué p. 52 à faire remonter le pied de bœuf à vide jusqu'au haut de la tige à saisir.

L'un de ces procédés consiste à employer deux bouts de corde de 12 à 15 millimètres de grosseur, appelés *fouets*, et ayant chacun une longueur d'un mètre environ : on les attache, par un nœud coulant, à la *soie* ou fourreau de chaque manivelle, et les deux hommes, qui les tirent par l'extrémité, impriment une impulsion brusque par traction aux manivelles, quand elles arrivent au haut de leur révolution qu'ils suivent, pendant tout le reste de la rotation en rendant la corde sans l'abandonner : la disposition contrariée des deux manivelles favorise l'accélération du mouvement à la façon d'un volant, et on obtient ainsi presque immédiatement une très grande vitesse d'enroulement de la chaîne, par suite, d'ascension du pied de bœuf.

L'autre procédé est encore plus rapide : on a un câble de 18 à 20 millim. de diamètre, et ayant une longueur égale à celle de la chaîne de manœuvre ; une de ses extrémités se fixe sur la joue du tambour opposée à celle qui est près du crochet d'attache de la chaîne ; l'autre, après avoir passé sur la gorge d'une poulie suspendue au moins à hauteur de la longueur de la plus grande tige, dans un endroit écarté de l'atelier, reçoit un contre-poids quelconque, suffisant pour faire tourner

le tambour du treuil et remonter ainsi le pied de bœuf
à vide. Le câble bien entendu est attaché au tambour de
manière à ce qu'il se déroule quand la chaîne s'enroule,
et vice versâ ; alors, au moment où l'emmanchement de
la tige qu'on descend repose sur la griffe, le contre-poids
se trouve en l'air ; le chef de manœuvre serre le frein
pendant qu'on dégage le pied de bœuf, et dès qu'il le
desserre le contre-poids enroule la chaîne jusqu'au moment où, pour laisser accrocher la tige suivante, son
mouvement ascensionnel est de nouveau enrayé par le
frein ; il reprend pour enlever la tige qu'on amène et
qu'on visse sur la précédente, et on engrène alors le
treuil pour soulever la sonde et repousser la griffe ; on
serre le frein, on dégrène, et en introduisant la deuxième
tige dans le trou, le contre-poids monte pour recommencer son effet aussitôt le pied de bœuf libre.

Le *battage* au trépan peut s'exécuter aussi, comme avec
le treuil-chèvre, soit *à la corde*, soit *au frein*. Mais quand
on atteint une certaine profondeur, 30 à 40 mètres par
exemple, on renonce à ces deux modes de battage ; au
premier, parce qu'avec une sonde lourde on use promptement les cordes à battre, ce qui occasionne une certaine dépense ; au deuxième, parce qu'il fait perdre
beaucoup de temps, par suite des arrêts continuels du
mouvement à la manivelle pour engrener et dégrener.
On a alors recours au battage *au débrayage*.

C'est à ce mode que sont destinés les deux manchons
ou parties d'embrayage que nous n'avons fait que
nommer tout à l'heure, quand nous avons passé en revue toutes les pièces composant le treuil de manœuvre.
La plus grosse de ces deux parties est appliquée contre
le tambour ; elle est elle-même une sorte de petit tam-

bour sur lequel s'enroule une chaine galle de 1^m,50 à
1^m,80 de longueur, guidée, pour s'enrouler en spirale,
c'est-à-dire sans chevauchement, par une saillie venue
de fonte à partir de l'attache de la chaîne, et dont la
tranche, contre laquelle cette dernière s'appuie, fait une
spire complète. A l'extrémité libre de la chaîne se trouve
un solide crochet à entrave. Ce manchon est fou sur
l'axe ; mais il a sa face verticale de gauche garnie de
c'inq vides trapézoïdaux, également espacés les uns des
autres, et correspondant à cinq dents saillantes, exactement égales à ces vides, qui se trouvent sur la face verticale de droite de la plus petite partie de débrayage qui
est à côté. Celle-ci a, dans son trou d'axe, deux rainures
s'adaptant sur deux clefs ou glissières droites, encastrées
à mi-fer, suivant deux génératrices diamètralement op-
posées, dans l'arbre du treuil. Il est ménagé sur sa circonférence extérieure une gorge dans laquelle se logent
les deux goujons d'un levier à fourche, qui est porté à articulation par une petite chape fixée sur le bâti du treuil.
Ce levier peut ainsi prendre un mouvement horizontal
angulaire qui se transmettra à la petite partie d'embrayage pour la faire glisser sur l'axe, à droite ou à
gauche, par l'effet des goujons entre lesquels elle tourne
avec l'arbre du tambour. On comprend alors qu'en l'ap-
puyant à droite contre l'autre partie d'embrayage, cette
dernière, qui folle restait immobile, sera entraînée dans
le même mouvement de rotation par l'encastrement des
dents dans ses vides. Si alors, au moyen d'un moraillon
ou d'une fausse maille (pl. I, fig. 35), on a attaché la chaîne
de la sonde au crochet de la chaîne-galle, les tiges mon-
teront pendant l'enroulement de cette dernière, jusqu'au
moment où, par la manœuvre du levier en sens inverse,

la grosse partie d'embrayage redevient folle, et dévire rapidement sous l'effet du poids de la sonde qui retombe alors, en produisant sur le fond du trou le choc du trépan.

L'entraînement par la sonde est tel que la grosse partie d'embrayage acquiert une grande vitesse, qui occasionnerait le déroulement de toute la chaîne-galle, si on n'employait ici une disposition analogue à celle que nous avons indiquée tout à l'heure pour la remontée du pied de bœuf : Un petit câble, ou une petite chaîne, attaché à l'autre bout du manchon s'enroule en sens inverse de la chaîne-galle, et porte à son extrémité un poids de 20 à 30 kilog. qui monte et descend derrière un poteau vertical, avec poulie, dressé à l'arrière du treuil (pl. III, fig. 1 et 2) : quand la sonde tombe, le contre-poids monte, et il agit comme un ressort rappelant brusquement le manchon en arrière, pour empêcher le dévirement de la chaîne, à laquelle, au contraire, il donne immédiatement une tension qui, sans perte de temps aux manivelle, fait soulever la sonde aussitôt qu'on embraie de nouveau.

Sondages de 100 mètres. *Sonde n° 2-3.* — Le treuil n° 2 dont on a à faire usage pour la profondeur de 100 mètres est exactement disposé comme le treuil n° 3 que nous venons de décrire ; seulement, bien entendu, tous ses organes sont calculés pour résister aux efforts qu'exige la manœuvre d'une sonde beaucoup plus lourde. Le rapport des engrenages est cependant tel que la puissance à appliquer aux manivelles aura à suivre la même loi de progression que celle donnée p. 59. Ainsi dès que l'installation de l'atelier sera faite, comme le représente la fig. 2 de la pl. III, pour commencer le sondage, qu'on doit pousser à plus de cent mètres de profondeur, on adjoindra d'abord trois hommes au chef de sonde ; il y aura ensuite successivement quatre hommes, pour aller de 40 à 60 mètres, cinq, de 60 à 80 mètres, six, de 80 à 100 mètres, sept, de 100 à 120 mètres, et ainsi de suite. Car disons-le maintenant, s'il ne se produit rien de particulier dans les terrains à traverser à partir de 100 mètres, le treuil n° 2 et la chèvre à quatre montants assemblés par des croix de Saint-André (fig. 2) composent une installation qui permet de poursuivre, sans inconvénient, jusqu'à 150 mètres, une recherche qu'on comptait voir aboutir à cent mètres ; seulement nous devons ajouter, qu'à moins de circonstances tout à fait spéciales, la main-d'œuvre journalière atteint des chiffres qui rendent avantageuse la substitution d'un moteur à l'usage des bras d'hommes. Dans ce cas alors, on remplace, dans le treuil, l'arbre à manivelles par un arbre portant un pignon à embrayage et une poulie de commande, et celle-ci reçoit le mouvement d'une locomobile, d'un moteur à gaz ou à pétrole, d'un manège, d'une roue hydraulique, etc. ; mais nous ne devons pas nous étendre plus longtemps sur ce sujet pour ne pas sortir des limites que nous nous sommes tracées.

Si le lecteur a le désir et la bonne volonté de les franchir, il trouvera, dans la troisième partie qui va suivre, de quoi se faire une juste idée du gros outillage que réclament les sondages profonds et à grands diamètres, des difficultés que l'homme pratique a à vaincre ; il suivra, en même temps, les progrès réalisés pour détourner ou vaincre ces difficultés ; et il verra se succéder, depuis l'origine de l'emploi de la sonde, tous les procédés qui ont été imaginés pour obtenir un approfondissement rapide, et pour exécuter, par forage, des puits d'exploitation de mines d'aussi grande section qu'il est nécessaire.

Nous n'avons rien de particulier à dire ici sur la manœuvre de montée et de descente de la sonde, si ce n'est qu'il est indispensable de disposer dans la chèvre, à hauteur convenable, un plancher sur lequel le décrocheur monte à l'aide d'une échelle ordinaire.

Le battage au trépan s'exécute au débrayage, mais il ne convient plus d'atteler la chaine-galle à la chaîne de la chèvre : car la précaution de mettre des tiges plus résistantes en bas n'est plus suffisante ; la sonde avec une telle longueur est trop flexible, et le poids de sa partie supérieure trop influent, pour qu'on ne soit pas obligé de corriger ces deux inconvénients. A cet effet on suspend la sonde à un levier (pl. II, fig. 6) dont l'axe de rotation est plus rapproché de l'extrémité antérieure, c'est-à-dire du trou de sonde, que de l'autre extrémité à laquelle on accroche la chaîne-galle du manchon de débrayage. La queue de ce levier qui est en bois d'assez gros équarrissage, représente un certain poids faisant équilibre à une partie de celui de la sonde ; et ce contrepoids peut être augmenté à volonté, soit en allongeant le levier par-dessus le treuil, soit en le chargeant au bout avec des plaques métalliques ou d'autres corps lourds.

Pour installer le *levier de batterie* on fixe à 2^m,50 ou 3 mètres de hauteur, sur la chèvre (pl. III, fig. 2), en dedans de ses montants, parallèlement au sens de la poulie, deux traverses horizontales qui soutiendront le sommier en bois sur le milieu duquel se place la *poupée* du levier. Cette *poupée* (pl. II, fig. 6) est en fonte, elle est en forme d'U ; ses deux faces verticales portent des coussinets dans lesquels tournent les tourillons de l'axe de rotation du levier ; son fond horizontal est percé, au milieu, d'un trou dans lequel passe un boulon qui, tout en attachant la poupée au sommier, lui sert d'axe pour pivoter horizontalement. Voici comment le levier est fixé sur l'axe de rotation : deux brides en fer plat, contournées pour embrasser, sur trois de ses faces, cet axe qui est carré, se prolongent horizontalement en avant et en arrière dans le plan de la quatrième face sur laquelle pose le levier; le prolongement des brides et le levier sont enlacés par deux étriers en fer forgé, formés par deux traverses horizontales qui sont serrées, par des écroux, contre la face supérieure du levier. Ce qu'on appelle les *ferrures du levier* (p. 137) se trouve complété par la *bande* et le *boulon à crochet*, et par les deux *chaînes de batterie*, dont l'une sert à suspendre la sonde au crochet de la bande, c'est-à-dire à l'avant du levier, et l'autre rattache la queue du levier, par le boulon à crochet, à la chaîne du manchon d'embrayage.

Quand le battage au trépan est terminé, pour faire la manœuvre de la sonde, on dévisse la tête de sonde qu'on laisse attachée à la chaîne de batterie, on défait à l'arrière le crochet de la chaîne-galle; on fait pivoter le levier autour du boulon de la poupée, pour bien dégager le passage au-dessus du trou de sonde, et on accroche au tambour de manœuvre l'extrémité de la chaîne que, pendant le travail du trépan, on avait laissé poser par terre, contre un des montants de la chèvre, en même temps que l'autre bout restait, bien entendu, garni de la clef de relevée.

INSTALLATIONS SPÉCIALES

Nous avons vu que, pour exécuter un sondage, on devait installer, à l'aplomb du trou de sonde, une poulie supportée par une chèvre, et que cette dernière devait laisser, entre ses montants, un espace libre suffisant pour permettre de donner au trépan un mouvement de rotation simultanément avec la manœuvre de percussion ; nous avons aussi insisté sur les conditions de stabilité qu'il importait de donner à la mise en place des appareils de manœuvre ; mais on comprend que, dans quelques circonstances, il doit se produire des exigences locales, ou des conditions particulières, qui obligent à faire des modifications ou des transformations à l'aménagement ordinaire de l'atelier de sondage.

Nous allons citer les exemples de ceux que nous voyons se présenter le plus fréquemment, et nous espérons qu'ils aideront à improviser les installations dans tous les autres cas particuliers qu'il nous est impossible de prévoir.

Sondage dans un bâtiment. — On a quelquefois à faire de petits sondages dans un bâtiment, soit pour rechercher une nappe souterraine d'alimentation, soit au contraire pour trouver une nappe absorbante et créer un *puisart* ou *boit-tout*, soit pour reconnaître la nature du sol sur lequel reposent les fondations, etc., etc. Si le plancher, qui est immédiatement au-dessus du sol où doit se faire le forage, est assez élevé pour qu'on puisse monter une chèvre, on se trouvera sensiblement dans les mêmes conditions que pour une installation en plein air ; sinon on se passera de la chèvre, et on prendra les points d'appui de l'axe de la poulie soit dans la charpente, soit sur deux poutres du plancher dans lequel on pratiquera à cet effet une petite ouverture ; ou bien on se servira d'une poulie à chape et à crochet, analogue à celle de la petite chèvre pl. II, fig. 1, qu'on accrochera à une barre de fer passée en travers sur deux poutres, ou à un anneau scellé avec le plus grand soin dans la maçonnerie, si on opère dans une cave voûtée. Toute la modification à apporter alors à l'outillage portera sur la longueur des tiges qui devront être en rapport avec la hauteur du local ; il sera même avantageux, dans certains cas, de faire une fouille carrée, sur le fond de laquelle on commencera le forage, et qui permettra de prendre des tiges de sonde plus longues.

Sondage contre un mur ou dans un angle de mur. — La poulie sera portée ici par une chèvre à deux montants appuyée, par son extrémité supérieure, contre le mur. Dans cette situation, il devient impossible de donner aux outils le mouvement de rotation indispensable pour faire le trou cylindrique. Cet inconvénient n'existera plus, si on a pu choisir l'emplacement du forage de telle sorte qu'on profite d'une porte, ou d'une autre ouverture existant dans le mur, et dans laquelle on trouvera à faire tourner le *manche de manœuvre :* si on n'a pas cette ressource, on peut pratiquer dans l'obstacle une entaille horizontale qui aurait une hauteur correspondant à celle de la chute du trépan, et une profondeur égale à la longueur des bras du manche de manœuvre, qu'on s'astreindrait alors à laisser toujours à la même élévation, par rapport à l'orifice du forage. Ou bien alors on coupe un des deux bras du manche, et on réussira encore à faire le trou bien cylindrique, en ne donnant la rotation qu'à l'aide de ce demi-manche, c'est-à-dire dans le demi-cercle qu'on peut lui faire décrire en avant du mur; car la lame du trépan étant symétrique par rapport à la tige de la sonde, il est évident que, si l'on fait tourner l'outil excessivement peu après chaque coup, une de ses demi-révolutions suffit pour que le fond soit attaqué sur toute sa section. Il est bien entendu qu'après chaque demi-tour, il faut, pour recommencer le suivant, ramener rapidement le trépan en arrière, et que cela doit se faire pendant qu'on le soulève au-dessus du fond.

Quelquefois on renonce à employer le manche de manœuvre, auquel on substitue purement et simplement un *tourne-à-gauche;* on donne alors la rotation complète en saisissant, à chaque demi-tour, la tige de sonde par une autre face de son carré.

Enfin on peut adopter une disposition analogue à celle

du *fût à rochet* dont se servent les serruriers pour percer les trous dans le fer. On fixe sur la tige un collier en bois comme celui de la fig. 16 (pl. III), mais sur la partie plane supérieure duquel on a fait des entailles en éventail tout autour de la tige, et celles-ci ont une largeur et une profondeur telles qu'on puisse y loger le levier d'un manche de manœuvre de forme spéciale. La tige de sonde est arrondie dans la partie qui se trouve directement au-dessus du collier à entailles. Le manche de manœuvre est en fer ou en bois ; il n'a qu'un bras ; il a une barrière à charnière comme le manche ordinaire, mais sans vis de serrage, et l'entaille qui embrasse la tige, au lieu d'être carrée, est ronde de manière à ce qu'elle tourne librement autour de la tige arrondie ; le bras de levier est carré sur la longueur correspondante aux entailles du collier ; on voit tout de suite comment on manœuvre : l'homme qui est au manche pourrait s'il le veut ne pas changer de place après chaque coup de trépan, il détourne le levier pour le placer dans la rainure suivante, et, pendant que le trépan monte, il pousse le manche pour lui faire reprendre la même position qu'auparavant : la sonde aura tourné d'un huitième ou d'un neuvième de tour si le collier porte 8 ou 9 entailles. La seule précaution à prendre, c'est de veiller à ce que le battage ne se fasse pas toujours et successivement aux mêmes places, ce qui s'obtient facilement, en poussant chaque fois le levier un peu plus ou un peu moins loin que pour le coup précédent.

Sondage au fond d'un puits. — Quand on veut utiliser des eaux souterraines, on a tout intérêt à faire d'abord un puits ordinaire ; car s'il ne doit pas atteindre une grande profondeur, comme c'est le cas le plus général, il donnera lieu à une moins grande dépense qu'un forage, du moment que, par la nature des terrains à traverser, on ne devra pas éprouver de grandes difficultés, ni mettre en danger la vie des ouvriers employés à ce travail. Mais dès qu'on a atteint l'eau, si cette première nappe rencontrée ne suffit pas pour les besoins de l'établissement, il faut aller rechercher plus bas une autre nappe plus abondante; et la nécessité d'utiliser des appareils d'épuisement augmente alors de beaucoup la dépense de la façon à bras d'hommes, en même temps qu'elle gêne considérablement la bonne marche du travail. Alors il convient de recourir au forage pour atteindre le but qu'on se propose.

Tout de suite, il vient à l'idée qu'il sera avantageux d'utiliser le grand puits existant en guise de chèvre, en installant le treuil à la surface du sol, et la poulie sur deux pièces de bois posées l'une à côté de l'autre sur l'orifice du puits ; le manche de manœuvre serait tenu par un homme qui resterait sur un plancher de manœuvre au fond du puits. Incontestablement cette disposition serait très favorable à une accélération dans la manœuvre de la sonde, car le vissage et le dévissage de la sonde se faisant aussi sur le plancher du fond, on laisserait les tiges assemblées entre elles, sur une longueur correspondant à la hauteur du puits ; mais malgré cela nous ne conseillons pas d'organiser le chantier ainsi ; car l'avantage que nous venons d'indiquer est racheté par une foule d'inconvénients : manque de place pour organiser la rotation de la sonde à trois ou quatre hommes, si les circonstances du travail l'exigent ; position périlleuse pour l'ouvrier d'*en bas*, dans le cas de chute d'un objet quelconque dans le puits, ou bien dans le cas de rupture de la chaîne ou de la sonde ; travail très pénible pour cet ouvrier que l'isolement la température du fond, la monotonie du mouvement de la sonde, etc., poussent à un engourdissement qui aura pour effet d'irrégulariser la rotation de la sonde, et de favoriser la production des accidents dont nous nous sommes occupé p. 3 ; enfin, pour ne pas nous étendre davantage sur cette question, conditions très défavorables pour les cas de réparation d'accidents un peu compliqués, dans lesquels le grand jour, l'espace, la communication constante entre tous les ouvriers du chantier sont indispensables.

Nous conseillons donc, comme devant être du meilleur effet pour la bonne, rapide et économique exécution du forage, de faire l'installation du chantier tout entière à la surface du sol : un plancher de manœuvre recouvrira le puits dont on ne se sert que comme d'une excavation ordinaire, dans toute la hauteur de laquelle on posera un *tuyau-guide* (p. 33).

Il faut avoir soin de ne faire que maintenir ce tuyau par un étrésillonnement, sans le serrer, afin que, si la nature du terrain qui forme le fond du puits l'exige, on puisse faire descendre le tubage pour empêcher l'éboulement de la partie supérieure du forage.

Si le trou de sonde doit prolonger un puits de recherche de mines, on fera de même, à moins qu'on ne préfère pratiquer, au fond, une chambre assez vaste pour loger le treuil de manœuvre : on place alors la poulie à une certaine hauteur, sur deux moises scellées dans les parois ; on organise ainsi un chantier dans les mêmes conditions que s'il était à la surface, et sauf la surveillance qui ne pourra pas être aussi bien faite, l'atelier fonctionnera aussi convenablement, d'autant mieux qu'il sera certainement composé, dans ce cas, d'hommes habitués aux travaux souterrains.

Sondages en rivière. — Les cas dans lesquels on a besoin de faire des sondages dans le lit d'un cours d'eau sont fréquents, soit pour rechercher un bon sol de fondations pour des piles de pont, soit pour faire, dans la roche solide, un trou d'encastrement pour des pilotis, soit pour étudier la richesse de sables métallifères, etc.

Sur une rivière tranquille, et pour des sondages de petites profondeurs, l'installation du chantier est des plus simples : on peut la faire à l'aide de deux petits bâteaux accouplés qu'on amarre à la rive, ou à un pilotis. Ils sont recouverts d'un plancher de manœuvre sur lequel on dresse la chèvre ; l'axe du trou de sonde se trouve alors ici au centre du plancher, dans l'intervalle qu'on a laissé entre les deux bâteaux pour recevoir le *tuyau-guide*, dont le pied est enfoncé à force dans le lit de la rivière, et la tête solidement maintenue par un collier de bois qu'on fixe sur le plancher.

Quand on doit travailler sur un cours d'eau rapide, sujet à de fortes et fréquentes variations, il vaut mieux n'employer qu'un seul grand bâteau plat, un chaland, dont la position se règlera bien plus facilement ; le plancher de manœuvre se placera sur deux fortes longuerines prolongées en encorbellement à l'arrière du bâteau dont l'avant fait face au courant. Nous donnons (pl. IV, fig. 1 et 2), les vues en élévation et en plan d'une installation de ce genre, très bien étudiée, et que nous ne pouvons mieux faire que de présenter comme modèle, car sa disposition rend les services du chantier aussi faciles que si les sondages s'exécutaient sur la terre ferme. Nous l'avons prise sur les dessins de M. Séjourné, ingénieur en chef des Ponts-et-Chaussées, qui l'a imaginée pour les études d'un pont à construire sur la Dordogne, à Marmande. Un deuxième plancher, solidaire et en contre-bas du premier, est établi dans le plan de la ligne de flottaison ; il fait l'office du fond de l'excavation dont nous avons signalé l'utilité (p. 24) pour les opérations de tubage. On place le tuyau-guide presque au contact du bâteau, de manière à diminuer le plus possible le porte-à-faux du plancher de manœuvre ; et on voit que, dans cette position, le tube sera beaucoup moins exposé aux dérangements, à l'ébranlement que les mouvements de l'eau pourront transmettre à tout l'ensemble : On doit, à cet effet, laisser dans les planchers un certain jeu autour du tube, et les colliers peuvent eux-mêmes glisser un peu, dans tous les sens, sur ces planchers. Sur le lit de la rivière, le tube est maintenu vers sa base par une masse de fonte très pesante, au travers de laquelle il passe par une ouverture ayant même diamètre que lui ; cette masse de fonte est attachée à des amarres qui servent à la retirer en fin de travail : L'avant du bâteau est tenu par deux ancres obliques de 300 kilogrammes environ, et par une ancre droite de 600 kilogrammes tendues, au cabestan, l'arrière est tenu par deux ancres de 200 kilogrammes. Pendant les crues, on lâche les câbles des ancres et on desserre les colliers du tuyau-guide. Il est inutile d'ajouter qu'il faut lester l'avant du bâteau pour équilibrer la charge que le chantier du sondage porte tout entière à l'arrière.

Sondages sur une ligne de chemin de fer en exploitation. — Nous ne croyons pas nécessaire d'entrer dans de longs détails sur les conditions spéciales de l'installation d'un atelier de sondages sur une ligne de chemin de fer, ou sur une voie quelconque ne cessant d'être libre qu'à certains moments de la journée, et pendant quelques instants seulement. Nous donnons pl. IV, fig. 3, la disposition à adopter dans ce cas : Une charpente à hauteur convenable est posée en travers de la voie ; elle porte, à l'aplomb du trou de sonde, une poulie sur laquelle passe la chaîne de manœuvre pour se prolonger horizontalement jusqu'à une autre poulie placée au haut de la chèvre. La chèvre et le treuil sont installés sur l'accotement de la voie, c'est-à-dire de manière à ne pas gêner la circulation ; de sorte que, sur la voie, il n'y a que l'ouvrier tenant le manche de manœuvre : la plupart du temps les passages se feront sur le côté tout à fait libre ; mais si par extraordinaire il le fallait, en une ou deux minutes, on dévisserait la sonde à ras de l'orifice du trou, on monterait la tête de sonde jusque vers la poulie, et le train pourrait passer par-dessus le trou de sonde.

Pour donner à cette disposition son application la plus large, nous avons supposé, dans notre dessin, que le forage s'exécutait sur un pont, et nous avons indiqué comment, en l'absence d'accotements de la voie, on ferait dans ce cas un plancher de manœuvre sur une estacade, avec la chèvre appuyée contre la charpente transversale.

Sondages horizontaux. — La sonde, comme nous l'avons vu jusqu'ici, a la plus grande partie de ses applications pour l'exécution de forages à faire verticalement ;

cependant il est facile de citer des cas nombreux dans lesquels on en fera utilement l'emploi, en la manœuvrant horizontalement. Ainsi dans les mines, quand on craint d'approcher de vieux travaux abandonnés, dans lesquels on risquerait de donner subitement issue à une éruption d'eau, ou bien à un dégagement abondant de gaz délétère ou inflammable, on n'exécute les travaux d'avancement qu'en poussant des reconnaissances avec la sonde, qui ne fournirait, aux fluides redoutables, qu'un passage très faible, et promptement obstruable grâce à sa forme régulière. La sonde horizontale peut être employée également pour rechercher une source dans le flanc d'une colline ; pour faire des trous d'assèchement de remblais de chemin de fer ; pour donner passage à de l'eau stagnante qui s'est accumulée contre une voie, et ne peut trouver son écoulement facile que de l'autre côté ; etc.

A l'examen de la (fig. 4, pl. IV), on comprend tout de suite comment se fait l'installation du chantier, et comment on manœuvre l'appareil.

On fait à la main un trou qui servira d'amorce au forage : la sonde, armée d'un trépan ou d'une tarière, suivant que la roche à attaquer réclame la percussion ou la rotation, est supportée par des rouleaux qui la tiennent horizontale à hauteur convenable ; la dernière tige, ou tige de tête, est ronde et passe dans une sorte de coussinet ; elle est coiffée de la tête de sonde qui tourne dans la chape d'une poulie verticale munie d'un crochet. On attèle la sonde à un treuil placé quelque part en avant et dans l'axe du trou de sonde. A la paroi dans laquelle on commence le forage se trouve attaché, à une certaine hauteur, un câble qui vient passer dans la gorge de la poulie de tête, et revient en avant, par-dessous la

sonde, pour se replier, par une poulie de renvoi, dans
une excavation, ou un petit puits qu'on a creusé tout près
du front d'attaque. A l'extrémité du câble est suspendu
un fort contre-poids qui pourra monter et descendre dans
le petit puits. On voit que le câble maintient l'outil de forage appuyé contre le fond du trou de sonde, pour entamer
celui-ci par la rotation qu'on donnera à une tarière, à
l'aide d'un manche de manœuvre ordinaire, ou mieux de
deux manches en croix formant moulinet. Pour obtenir
la percussion, il suffit de tirer la sonde à l'aide du treuil
exactement comme si on la soulevait verticalement ; et
en manœuvrant au débrayage, ou à la corde comme pour
le battage ordinaire, la sonde, abandonnée à elle-même,
se trouvera violemment chassée, comme par un ressort,
par l'effet du contre-poids qui retombera après avoir
monté pendant la traction du treuil, et le coup de trépan sera donné. Le curage du trou de sonde se fait à
l'aide de la tarière et de la soupape, si on a du terrain
marneux, argileux ; mais si la roche est *maigre*, c'est-à-
dire si elle ne fait pas corps quand elle est broyée, on
fait le nettoyage en injectant de l'eau dans le forage, et
en ramenant les détritus à l'aide d'une curette formée
d'une plaque de tôle, coupée en demi-cercle, et rivée, à
angle droit, à l'extrémité d'une tringle de petit fer rond
qu'on allonge à mesure de l'approfondissement.

TROISIÈME PARTIE

SONDAGES PROFONDS

Origine de la sonde. — L'art du sondage est certainement très ancien ; devons-nous bien, comme on l'a pensé, en faire remonter l'origine aux temps bibliques ? Il serait assez séduisant de voir dans la baguette de Moïse la première tarière artésienne, et de faire ainsi de ce grand prophète le patron des sondeurs. Seulement nous doutons, parce que l'Écriture ne dit pas que, dans la suite, les peuples pasteurs aient fait usage d'un semblable instrument pour créer, de mains d'hommes, dans les déserts d'Asie et d'Afrique, cette multitude de fontaines antiques qui existent encore aujourd'hui sous les noms de fontaines d'Agar, d'Ismaël, etc. Elle nous enseigne simplement qu'ils creusaient le sable, jusqu'à la rencontre des bancs de pierre, dont le percement faisait sourdre impétueusement l'eau jusqu'à la surface de la terre. Nous avons retrouvé leur façon de procéder qui, transmise de générations en générations, se pratiquait encore il y a quarante ans à peine, dans les déserts algériens, par les *meallem* et les *r'tassin*, puisatiers plongeurs, dont les privilèges s'éteignent, et qui ont perdu leur prestige sacré, quand la sonde a fait son apparition au Sahara.

Depuis 1850, elle ne cesse de faire jaillir des profondeurs du sol, et sous les yeux émerveillés des populations, ces puissantes sources artésiennes qui, en donnant la vie à de nouvelles oasis, ont ouvert et tracent la grande voie de pénétration du Sud-Algérien.

Il est hors de doute, d'après des renseignements recueillis sur place, que ce sont les Chinois qui ont fait, il y a plusieurs siècles, les premiers puits forés, à l'aide d'une sonde spéciale, rudimentaire, manœuvrée à la corde et qui est actuellement encore en usage chez eux. Mais leur procédé n'a été mentionné pour la première fois, que dans un ouvrage intitulé « Voyage pittoresque » édité à Amsterdam dans les dernières années du dix-septième siècle ; il est encore cité dans une lettre, datée du 11 octobre 1704, de l'évêque de Tabrasca, missionnaire en Chine. Enfin, un autre missionnaire, le Père Imbert, après avoir fait deux visites successives dans la région des puits d'exploitation de l'eau salée, dans laquelle on en compte plus de dix mille, a rapporté, en 1827, une description très détaillée de la façon de faire pour le forage de ces puits, à l'aide d'une masse métallique pesante, appelée mouton, et suspendue à l'extrémité d'une corde.

Nous ne sommes pas mieux renseignés sur l'époque à laquelle on a commencé à faire usage de la *sonde à tige,* dite *sonde artésienne*, imaginée certainement, d'abord, pour servir aux mineurs à faire les recherches qui les intéressaient. Mais les plus anciens traités d'exploitation des mines n'en parlent pas ; et tous les pays miniers, l'Angleterre, l'Allemagne, etc., veulent en disputer l'invention à la France. Nous n'hésitons pas à revendiquer, de la façon la plus absolue, pour notre pays, la priorité de la découverte de la sonde à tiges.

En effet, le célèbre potier Bernard de Palissy qui vivait au seizième siècle, et qui s'occupait particulièrement à rechercher les eaux et les fontaines, parcourut, en observateur naturaliste, l'Artois, la Flandre, le Brabant et d'autres pays, où cet instrument est depuis longtemps en usage pour la découverte des eaux jaillissantes, et, dans ses écrits, il ne dit pas que la sonde y fût employée soit pour les mines, soit pour les terres, soit pour les eaux. On doit en conclure qu'elle n'était pas connue avant lui : et alors on arrive logiquement à lui en attribuer l'invention, puisque, dans son *Traité de la Marne*, édité à Paris en 1580, il décrit la conception qu'il a « *d'un outil, d'une tarière, munie d'un manche ou d'une tige en bois qu'il al'ongera suivant les besoins, pour aller prendre des échantillons de terre, voire même pour trouver de l'eau qui s'élèvera plus haut que le lieu où la pointe de la tarière l'aura rencontrée* ».

Après lui, dans le dix-septième siècle, un auteur allemand, dans un traité sur les machines hydrauliques, fait la description d'une sonde dont le manche est en bois et qui est destinée à *creuser des puits :* l'invention, d'après cet auteur, daterait du commencement de son siècle.

L'académicien Dominique Cassini, appelé d'Italie en France par Louis XIV, fit connaître en 1671, dans son

Histoire de l'Académie Royale des Sciences, les fontaines jaillissantes de Modène et de Bologne, ainsi que celles de la Basse-Autriche, qui sont obtenues par l'usage de la tarière.

Peu après, en 1691, le Professeur Bernardini Ramazzini, du Lycée de Médecine de Modène, publia son Traité physique et hydrostatique sur le jaillissement des fontaines de cette ville ; c'est l'ouvrage le plus ancien dans lequel on trouve quelques données certaines sur l'emploi de la sonde du mineur ou de la mèche, non pas encore pour le forage des puits, mais pour parachever leur percement dans des cas particuliers. Et comme on a prétendu trouver la preuve de l'ancienneté de l'usage de la sonde en Italie, dans l'existence, à Modène, de nombreux puits jaillissants percés à l'aide de la tarière de fontainier qui figure dans les armes de la ville, il est bon de rapporter comment s'exprime, au sujet de ces fameuses fontaines, un écrivain de la fin du siècle dernier, Ludovico Picci : « Quiconque veut avoir, dans sa propre maison, une source d'eau vive qui jaillisse au-dessus du niveau de la terre, peut facilement jouir de cet avantage en creusant un puits de 60 pieds de profondeur. Puis après avoir rencontré le plan de l'ancienne ville, qui est situé à 6 brasses environ au-dessous de la ville actuelle, et après avoir traversé plusieurs couches de sédiments de fleuves, on trouve enfin un lit de terre argileuse de 5 pieds d'épaisseur, on perce ce lit d'argile à l'aide d'un foret, et bientôt on voit jaillir l'eau avec impétuosité. Elle remplit le puits, se déverse sur la terre et forme une fontaine perpétuelle dont l'eau est pure et excellente ».

En 1729, Bélidor, dans la « Science de l'Ingénieur » est le premier qui parle, en France, de la construction

« d'une sorte de puits appelés *puits forés* ». Il décrit succinctement la manière de procéder ; il signale des puits semblables en Flandre, en Allemagne, en Italie, et il cite le beau jaillissement de celui qu'il a vu obtenir ainsi au Monastère de Saint-André, près d'Aire-en-Artois (1).

L'auteur allemand Delius, dans son « Art d'exploiter les mines », donne une description de la sonde de mine qu'il emprunte à l'ouvrage de Geis, imprimé à Vienne en 1770. Mais on n'y trouve aucune recherche historique sur son origine.

Ce même ouvrage a été traduit de l'allemand et publié à Paris en 1773 par l'Inspecteur des mines Monnet ; il contient sous le nom de « Perçoir des montagnes », la description, avec planches, de toutes les parties composant la sonde du mineur.

L'auteur nous dit lui-même que cette partie de son ouvrage n'est qu'une « traduction littérale » du traité de Geis. Il nous apprend que l'Allemagne possède « depuis longtemps plusieurs de ces machines, et plusieurs ouvrages qui en traitent, pendant que notre nation n'en connait à peine que quelques-unes sous le nom de sondes propres seulement à percer les terreaux ou rochers friables, et assez imparfaites en elles-mêmes ».

La conclusion à tirer de là, et rapportée à ce que nous avons dit plus haut, serait que, comme trop souvent en France, l'invention de Bernard de Palissy a été mise

---

(1) On a trouvé étrange que Bélidor ait semblé ne pas connaître le fameux puits artésien du couvent des Chartreux à Lilliers (Pas-de-Calais), qui daterait de 1126. Nous pensons que, s'il n'en a pas fait mention, c'est uniquement parce que ce doyen des puits artésiens français aurait été *creusé* à mains d'hommes et non *foré* à la sonde.

à profit et perfectionnée tout de suite à l'étranger.

En 1784 parut la première description d'une sonde artésienne rudimentaire ; encore fut-elle faite par un français, Le Turc, professeur de Sciences militaires, qui, réfugié à Londres, rendait compte des procédés mécaniques dont il avait étudié la manœuvre dans l'Artois, pour la construction des fontaines jaillissantes et perpétuelles.

Cette publication, dans laquelle l'auteur proposait aux Anglais de leur apprendre l'usage de la sonde, et de leur vendre, « pour trois guinées », les modèles de toutes les pièces qui la composaient, ne pouvait utilement être prise comme guide pour l'exécution d'un sondage. Car ces forages de l'Artois se faisaient avec une telle facilité, qu'on ne pouvait pas chercher là un enseignement conduisant à une pratique sérieuse. Il suffisait de creuser la terre à 15 ou 20 pieds pour avoir de l'eau ; l'instrument qu'on employait pour ce travail était fort grossier : il se composait d'une longue perche terminée par une sorte de gouge en fer. Aussi, dans certaines localités, il n'était pas une maison qui ne fût dotée d'une fontaine jaillissante.

C'est, on le sait, de cette énorme profusion locale de ce genre d'ouvrages, qu'est résultée la dénomination d'*artésiens,* donnée universellement aux puits qui fournissent de l'eau jaillissant au-dessus du niveau du sol, dénomination qui, confusément suivant nous, a été adoptée généralement pour tous les puits forés à l'aide de la sonde.

Quoi qu'il en soit, cette heureuse désignation doit être considérée comme la preuve, la confirmation du véritable certificat d'origine de l'art du Fontainier-Sondeur qui, grâce à la bienfaisante impulsion de notre Société d'Encouragement, a pris exclusivement en France, à partir de 1818, un développement rapide et considérable.

Cette Société, pénétrée des avantages que présentait, pour l'industrie et l'agriculture, l'établissement des puits forés, ouvrit un concours pour la publication d'un « *Manuel ou de la meilleure instruction élémentaire et pratique sur l'art de forer, à l'aide de la sonde du mineur ou du fontainier, les puits artésiens, depuis 25 mètres de profondeur jusqu'à 100 mètres et au delà, s'il est possible* ».

C'est alors que fut édité, en 1822, l'ouvrage qui fut primé et qui avait pour titre : *De l'Art du Fontainier-Sondeur et des puits artésiens, ou mémoire sur les différentes espèces de terrains dans lesquels on doit rechercher les eaux souterraines, et sur les moyens qu'il faut employer pour ramener une partie de ces eaux à la surface du sol à l'aide de la sonde du mineur ou du fontainier.*

L'auteur en était l'Ingénieur en Chef au corps des Mines, Garnier, et ce livre constitue le premier véritable traité complet qui ait paru sur l'Art du Sondeur, aussi bien en France qu'à l'étranger.

Nous devons cependant mentionner aussi l'important ouvrage de Héron de Villefosse, qui avait été chargé, en 1803, de veiller à la conservation des mines et usines du Hartz (Hanovre), en qualité d'Ingénieur-commissaire du Gouvernement français ; puis, nommé en 1807, par l'Empereur, Inspecteur général des mines et usines dans les pays conquis, au moment de la création du royaume de Westphalie, il mit à profit son séjour dans ce centre industriel pour écrire « la Richesse minérale », qui constitue un précieux traité de métallurgie et d'exploitation des mines. Dans le tome second, intitulé : « Division technique », édité en 1819, nous trouvons une description très détaillée de la sonde du mineur, d'après les dimensions de laquelle l'auteur fait les trois distinctions suivantes :

1° La *Sonde portative*, employée soit pour explorations verticales jusqu'à 15 ou 20 mètres de profondeur, soit pour opérer des percements horizontaux ou inclinés dans l'intérieur des mines. Le diamètre du forage est de 2 1/2 centimètres ;

2° La *Sonde du Nord de la France*, employée jusqu'à la profondeur de 100 mètres ; diamètre du forage 6 centimètres ;

3° La *grande Sonde*, dite *sonde d'Allemagne*, pénètre jusqu'à la profondeur de 200 mètres ; son outil fore un trou dont le diamètre varie de 10 à 15 centimètres.

L'éminent Ingénieur, après avoir donné les règles à suivre pour exécuter un sondage, termine en exprimant le désir de voir se former, en France, des entreprises de sondages, dans plusieurs départements qui, selon toute apparence, en retireraient de grands avantages, si les recherches étaient sagement dirigées.

Le souhait de Héron de Villefosse fut entendu ; et s'aidant du traité de Garnier, en même temps qu'ils aspiraient à recevoir les médailles de prix décernées chaque année, par la Société d'Encouragement, aux entrepreneurs qui introduisaient ces puits forés dans les localités où ils n'existaient pas encore, les sondeurs français s'ingénièrent à apporter d'heureuses modifications, des perfectionnements, à l'instrument plus ou moins primitif qu'ils avaient employé jusqu'alors.

Pour activer davantage l'élan de cet art utile, à partir de 1828, la Société d'Encouragement augmenta le nombre et l'importance de ses prix, auxquels elle fit concourir : 1° les Ingénieurs des Mines et des Ponts et Chaussées, qui s'employaient à faire exécuter des puits artésiens ; 2° les Industriels et Agriculteurs qui en faisaient forer pour leur compte personnel ; 3° les sondeurs qui acceptaient d'en faire à leurs frais et les réussissaient.

A cette même époque, en 1828, la Société Royale et Centrale d'Agriculture voulut contribuer à encourager les vaillants efforts de ces nouveaux artisans de la prospérité industrielle, et de la fertilisation du sol national, en faisant connaître que, dans sa séance publique de 1830, elle décernerait trois prix de 3,000 francs, 2,000 francs et 1,000 francs aux Ingénieurs, cultivateurs ou propriétaires, qui auraient percé un ou plusieurs puits forés dont l'eau s'élèverait à la surface du sol. L'impulsion gagna la province, les Conseils Généraux votèrent des fonds pour les acquisitions de sondes, et cette industrie prit alors un assez vif essor pour que de grands Ingénieurs, comme les Flachat, les Degousée, et d'habiles mécaniciens, comme Mulot, Halette, etc., ne craignissent pas de fonder des établissements spéciaux de construction de matériel de sondage et d'entreprise de forages.

Aussi, tandis que, dans les pays étrangers, les établissements miniers ne faisaient que conserver respectivement leurs anciens et primitifs outillages, la France comptait une nouvelle et grande industrie, dont les progrès toujours croissants lui conquirent un véritable monopole ; et encore aujourd'hui, ce sont surtout des outillages français qui sont envoyés sur tous les points du globe, pour faire les études du sol, et les recherches souterraines de mines et de couches aquifères.

Perfectionnements et premières transformations de la sonde. — Le moment était venu où l'art du sondage devait sortir des limites étroites, dans lesquelles l'avaient tenu, jusqu'alors, les modestes praticiens qui se contentaient d'exercer, le plus habilement possible, leur métier de *fontainier-sondeur :* la science apporta le concours de ses études, de ses théories, pour dicter des lois précieuses et précises, à l'aide desquelles la sonde n'opérerait que sur des points offrant de sérieuses chances de succès.

En 1829, le vicomte Héricart de Thury, Amédée Burat en 1833, Arago en 1835, Viollet en 1840, publièrent successivement des mémoires sur la théorie des puits artésiens, sur les notions générales de la géologie appliquées à la recherche des eaux souterraines, sur l'historique des travaux de ce genre exécutés avec succès. En même temps, Flachat en 1829, Degousée en 1830, puis, en 1844, Burat, dans sa géologie appliquée au traitement des minéraux utiles, et Combes, dans son cours d'exploitation à l'École des Mines, présentèrent, les uns après les autres, les descriptions détaillées des équipages de sonde, avec leurs déjà très nombreux et très utiles perfectionnements.

Ces derniers s'étaient de suite portés principalement sur la substitution de la tôle au bois, pour le revêtement des parois des sondages; sur l'augmentation des dimensions des outils, c'est-à-dire des diamètres des forages, pour permettre d'atteindre les plus grandes profondeurs, sans être arrêté par l'effet des rétrécissements successifs, provoqués par les rencontres de couches ébouleuses à différents étages ; sur la transformation des modes et engins de manœuvre en rapport avec les poids de sonde, croissant avec leurs plus grandes longueurs ; sur le fractionnement de ces sondes profondes par l'interposition d'une glissière, appelée coulisse d'Œynhausen, inventée en 1834, et qui, tout en permettant d'équilibrer une bonne partie de la tige, empêchait les fouettements et les ruptures fréquentes des barres de fer qui la constituent. Enfin, on commença bientôt à faire les manœuvres de sondages profonds à l'aide de la force animale, puis de la vapeur.

Dans cet ordre d'idées, nous devons citer en première ligne le forage du puits de Grenelle, pour l'exécution duquel Mulot employa d'abord, en 1838, comme appareil moteur, un treuil muni de deux roues de carrier, aux échelons desquelles s'appliquèrent progressivement de six à douze hommes, jusqu'à ce que la sonde atteignit 150 mètres : le treuil primitif fut alors remplacé par un cabestan à manège, auquel on attela jusqu'à sept chevaux, pour arriver à la profondeur de 550 mètres, où l'eau jaillissante fut rencontrée en 1842.

La première machine à vapeur utilisée pour mettre en œuvre un appareil de sondage fut employée par Degousée, à Condé près Donchery (Ardennes), pour actionner un grand treuil qui au moyen d'un système d'embrayage double, servait à la montée et à la descente de la sonde, ou à produire la percussion par le trépan.

La sonde était suspendue à l'avant d'un balancier, dont l'autre extrémité était articulée à une bielle à crémaillère, laquelle était actionnée elle-même par une bascule en fer. Le bec de celle-ci s'engageait sous une came, calée sur l'arbre du treuil dont la rotation produisait d'abord le soulèvement du trépan, puis sa chute, au moment où la came abandonnait le bec de la bascule.

Dès l'usage du moteur, on songea à réaliser une économie de temps, en opérant le curage à la cuiller à l'aide d'un câble métallique s'enroulant sur un treuil à gros tambour en bois.

En dehors de ces perfectionnements, on s'était aussi ingénié à trouver d'autres systèmes, plus simples ou plus avantageux que ceux qui dérivaient de la sonde du mineur, c'est-à-dire que les sondages à tiges rigides.

Le sondage à la corde, système chinois, avait été introduit en 1828 en Europe par Jobard de Bruxelles, qui le perfectionna en ménageant dans le mouton à dents aciérées, faisant l'office de trépan, une sorte de récipient dans lequel se logeaient les détritus résultant du broyage de la roche.

L'ingénieur Fauvelle, de Perpignan, avait imaginé, en 1845, un système de sondage qui porte son nom, dans lequel la sonde est composée de tiges en fer creux, permettant l'injection de l'eau sous pression jusqu'au fond du forage, pendant l'action des outils foreurs; de cette manière il se produit un fort courant d'eau ascendante, extérieurement à la tige, à la faveur duquel les détritus sont constamment entraînés hors du trou de sonde. L'approfondissement est facilité par l'attaque d'un fond toujours bien libre, et il se produit avec d'autant plus de rapidité qu'on économise ainsi le temps que prennent, dans les sondages ordinaires, les manœuvres de la sonde pour l'opération du curage.

Tout ce qui a trait à la description et aux perfectionnements de l'état dans lequel se trouvait l'outillage d'alors, tous les principaux travaux exécutés, en un mot tout ce qui se rapportait à l'industrie du sondage à cette époque, se trouve remarquablement exposé dans l'ouvrage que publia, en 1847, sous le titre de *Guide du Sondeur*, l'éminent ingénieur Degousée dont nous nous honorons d'être l'élève et le successeur.

II

Ce fut le commencement d'une ère nouvelle dans laquelle l'art du sondage a marché à grands pas : les ingénieurs spécialistes ne sont plus arrêtés, ni par les difficultés qui résultent de la dureté excessive ou des conformations tourmentées des couches qu'il s'agit de traverser, ni par les profondeurs qu'il faut atteindre parfois au delà de 1,000 mètres, pas plus que par les dimensions à donner aux ouvrages qu'ils entreprennent, et qui arrivent à dépasser 4 et 5 mètres de diamètre : le nombre des accidents qui peuvent entraver la marche d'un sondage a diminué dans une très notable mesure, et leur réparation s'effectue avec une facilité remarquable ; enfin la rapidité d'exécution est aussi le résultat de très ingénieux perfectionnements ou inventions ; mais là, comme nous le verrons, il ne faut pas qu'une émulation téméraire puisse compromettre, par amour-propre, ou par l'appât d'un gain promptement réalisé, le succès de la recherche ou l'utilité scientifique du sondage.

De l'exposé qui précède, il résulte que nous nous trouvons, pour la pratique des sondages, en présence de trois systèmes bien distincts : le *sondage à la corde*, dit *système chinois ; le sondage à la tige creuse ; le sondage à la tige pleine*.

Nous allons passer successivement en revue chacun de ces systèmes, en décrivant succinctement les procédés qui en sont dérivés, et les perfectionnements principaux qui leur ont été apportés (1).

Sondage à la corde. — Le *Sondage à la corde* est séduisant parce que, surtout, il n'exige qu'un matériel sommaire, et par conséquent peu coûteux : des tentatives fréquemment renouvelées ont eu lieu pour essayer de le généraliser, c'est-à-dire, pour tâcher de le faire réussir ailleurs que dans les terrains de nature spéciale qui se prêtent avec succès à son application.

Le célèbre ingénieur en chef des mines, Le Châtelier, ne pouvant pas comprendre la sorte d'aversion que les sondeurs éprouvaient pour ce procédé si simple et si économique, fit une étude attentive de tous les essais tentés antérieurement, et il publia, en 1852, une notice « destinée à appeler de nouveau l'attention des praticiens sur cette méthode certainement trop négligée ». Dans cette publication, il présenta les dispositions auxquelles il s'arrêtait, pour en faire l'application à un sondage qui devait être poussé, dans les terrains consistants, jusqu'à 300 mètres de profondeur et éventuellement jusqu'à 500 mètres.

Un chantier fut installé, d'après ses données, pour une recherche de charbon à effectuer auprès de Saint-Avold

(1) En 1861, a paru la seconde édition du *Guide du Sondeur*, par Degousée et Ch. Laurent, dans laquelle Ch. Laurent, qui fut aussi un de nos maîtres et prédécesseurs, a savamment décrit les perfectionnements et procédés nouveaux imaginés depuis 1847.

(Moselle), en 1854. Malgré tout le soin qu'on prit, on atteignit péniblement la profondeur de 157 mètres; encore dut-on, à plusieurs reprises, recourir à la sonde rigide pour dégager l'outil, redresser le forage, repêcher le cable rompu, etc.; et finalement, on reconnut indispensable de renoncer à l'emploi de la corde, pour terminer, à la tige, le sondage, qui a été poussé jusqu'à 320 mètres.

Mais cette expérience est loin d'avoir condamné le procédé à tout jamais : de nombreux opérateurs continuent à lui accorder leur confiance.

Ainsi, il est encore actuellement en usage, comme nous l'avons dit, et sans le moindre perfectionnement, au foyer de sa naissance, en Chine, où, grâce aux terrains tendres et homogènes qui se poursuivent très loin en profondeur, les indigènes peuvent atteindre jusqu'à 8 et 900 mètres dans leurs recherches d'eau salée, en conservant de petits diamètres, et sans avoir à recourir à de fréquents et longs tubages.

Le système chinois a été présenté à l'Exposition de Vienne en 1873, par plusieurs ingénieurs étrangers particulièrement Américains, Prussiens et Hongrois. Une Société américaine : *Oil well suply company* a mis en œuvre, à l'Exposition de 1900, dans le bois de Vincennes, un de ses intéressants appareils de sondage à la corde, dans lequel on trouve la merveilleuse ingéniosité américaine, qui sait agencer les mécanismes les plus rustiques, de manière à ce qu'il n'y ait pas une minute de perdue dans l'exécution rapide de toutes les manœuvres.

Le trépan est vissé à une maîtresse tige longue et pesante, surmontée du *jars*, qui n'est autre chose qu'une coulisse d'Œynhausen. Mais celle-ci ne sert pas, comme dans la sonde rigide, à permettre d'équilibrer le poids de toutes les tiges supérieures. Elle fonctionne, ici, comme trait d'union entre l'outil percuteur et le câble de manœuvre pour aider, par le choc, à dégager le trépan qui se trouve plus ou moins empâté dans les terrains du fond.

Le câble est actionné par un balancier dont les oscillations atteignent 130 ou 140 par minute; la rotation du trépan se produit spontanément par le détors du câble.

Le curage se fait avec les cuillers ordinaires à clapet et à boulet.

L'une des particularités du système est l'emploi de tubages étanches, utilisés dans le but ordinaire de soutenir les parois ébouleuses, et aussi spécialement pour masquer toutes les nappes d'eau souterraines qu'on traverse au-dessus du résultat qu'on cherche à atteindre. Car, paraît-il, il importe que le câble ne travaille pas dans l'eau. Et, à cet effet, à la rencontre d'une couche aquifère, on descend un tube en fer à manchons à vis, d'une construction minutieuse, grâce à laquelle on réussit, dit-on, à intercepter toute pénétration d'eau à l'intérieur du tube, après qu'on a fait l'épuisement avec une longue cuiller à clapet.

La pose de ces tubages exige l'emploi d'outils élargisseurs qui sont formés par des ailes taillantes s'ouvrant à charnière, au-dessous du tube, sous l'action de forts ressorts à boudin. Il faut, en effet, que le tube continue à descendre plus bas que la rencontre de la nappe à isoler, jusqu'à ce que sa base atteigne une couche imperméable, dans laquelle on la fait pénétrer à force pour couper tout passage à l'eau.

La construction de ces tubages les rend d'un prix élevé, et leur multiplicité doit constituer un surcroît de dépense, qui trouve peut-être sa compensation dans la rapidité extraordinaire de l'approfondissement; en effet, le sondage de démonstration qui s'est exécuté à Vincennes a atteint, à peine en deux mois de travail de jour et de nuit, la profondeur de 552 mètres à travers 100 mètres de terrains tertiaires, et 452 mètres de terrains crétacés.

Mais pour arriver là, après avoir débuté au diamètre de 30 centimètres, il était réduit, au quatrième tubage, au diamètre de 135 millimètres avec lequel il lui fallait traverser les argiles du Gault, et les sables glauconieux, pour atteindre la nappe jaillissante des sables verts de l'Aptien.

Cette dernière étape, après plusieurs mois de lutte, n'a pu être complètement franchie; et le forage a été arrêté à la profondeur de 595 mètres, avec un diamètre de 10 centimètres, sans avoir pu obtenir le jaillissement cherché.

L'insuccès est dû surtout à l'exiguité du diamètre et cette difficulté, ou cet écueil, révèle bien l'un des principaux points faibles du système : car celui-ci ne permettant pas l'usage d'outils à grands diamètres, crée l'obligation d'un diamètre initial trop réduit pour les nécessités, le plus souvent imprévues, du nombre des restrictions dans les grosseurs des tubages, qui deviendraient successivement nécessaires.

Malgré leurs faibles diamètres relatifs, les tubes employés à ce forage de Vincennes atteignent, dans leur ensemble, le poids imposant de 42 tonnes.

Il est certain qu'une grande partie des objections auxquelles le procédé peut donner lieu, s'effacerait par les

recours temporaires qui se feraient à la sonde à tiges ; mais nous ne pouvons nous arrêter à une telle remarque qui deviendrait, comme dans la tentative de M. Le Chatelier, la condamnation de l'emploi pratique du sondage à la corde.

Un des principaux inconvénients du sondage à la corde réside, surtout pour les diamètres de début, dans l'impossibilité d'obtenir la rotation du trépan, pour produire un trou cylindrique, et aussi de guider l'outil, pour l'empêcher de suivre la pente des stratifications des bancs.

Il est alors venu à l'idée de plusieurs habiles praticiens de recourir à la combinaison de la manœuvre du câble, dans l'intérieur d'un tube l'enveloppant, sur toute sa longueur, jusqu'à quelques mètres au-dessus du fond du forage. Dans la base du tube pouvait tourner la tête de la tige du trépan ; et, par un système d'embrayage particulier, on rendait à volonté le trépan et le tube solidaires : la rotation du trépan s'obtenait à l'aide du tube, et le battage au trépan se faisait avec la corde. Mais ce moyen assez complexe n'avait, sur la sonde rigide, que le seul avantage d'éviter les dégradations des parois du forage, par le fouettement des barres de sonde, avantage qui se réalisa, nous le verrons plus loin, bientôt et plus commodément, par l'emploi de la coulisse à chute libre.

Aux États-Unis, après avoir fait un usage exclusif du système chinois, dans les premières recherches du pétrole, on n'a pas tardé à reconnaître la nécessité de pouvoir recourir, à volonté, à l'utile concours de la sonde rigide ; il en est résulté un système mixte qui a pris le nom de *système canadien*, dont nous parlerons en traitant des transformations et perfectionnements du système à tige pleine.

Sonde creuse à injection d'eau. — Le *sondage à la tige creuse* du système Fauvelle, tel qu'il a été imaginé par son auteur, est encore au nombre de ceux qui, de même que le sondage à la corde, ne trouvent leur application exclusive que dans des circonstances spéciales et, par suite, assez limitées. La preuve en est que Fauvelle ayant tenté de l'utiliser dans les terrains tertiaires parisiens, à Saint-Ouen, n'a pu parvenir à dépasser la profondeur de 20 mètres, et le sondage a dû être terminé par un sondeur faisant emploi de la tige pleine.

La sonde creuse agit par percussion ou par rotation comme la sonde à tige pleine.

Le travail d'approfondissement se poursuit d'une façon continue, grâce à l'injection de l'eau, qui se fait au moyen d'une pompe foulante, par l'intérieur de la tige creuse.

Cette injection fonctionne simultanément avec le battage du trépan, de manière, comme nous l'avons déjà dit, à provoquer, par le courant d'eau, l'entraînement, à l'extérieur de la tige, de tous les détritus produits par le broyage de la roche du fond. Donc on gagne d'abord tout le temps qu'exigent les manœuvres du curage à la cuiller, et d'autre part l'attaque de la roche se faisant sur un fond toujours propre, l'approfondissement se trouve très favorisé.

Mais les causes de déceptions auxquelles ce système est exposé sont nombreuses.

D'abord, si on a traversé une nappe souterraine assez puissante, celle-ci absorbe, au passage, l'eau injectée ; les détritus entraînés du fond ne sortent pas alors du trou de sonde, et ils emprisonnent l'outil foreur qu'on risque de ne pouvoir retirer. Si, dans une recherche d'eau, on trouve des terrains meubles qui nécessitent des tubages continus, ces derniers descendront, sans qu'on puisse s'en apercevoir, au delà de la nappe désirée ; car les mouvements révélateurs de l'eau de celle-ci seront annihilés par l'écoulement qui sert de principe au système. Et puis, on ne se procure pas partout le volume d'eau nécessaire à l'injection ; et encore, il faut que le diamètre du forage soit assez restreint, car s'il y avait un trop grand vide autour de la sonde creuse, la vitesse, ou la force ascensionnelle de l'eau remontante ne serait plus capable de charrier le terrain désagrégé par l'outil.

Nous insistons quelque peu sur ces principales critiques que soulève l'emploi de l'injection d'eau par la sonde creuse, parce que nous aurons à nous en préoccuper de nouveau tout à l'heure.

C'est encore, en 1873, à l'exposition de Vienne que nous voyons, comme pour le sondage à la corde, une Société danoise, la Société d'Aalborg, remettre en faveur le système Fauvelle, en produisant des témoins d'un sondage de 400 m de profondeur qu'elle avait exécuté en deux mois, au faible diamètre, il est vrai, de 0,05 m. Le gouvernement hollandais en essaya l'application, en 1877, à Java, où l'on obtint des approfondissements de plus de 10 m par jour, avec un diamètre de 0,075 m ; mais on a reconnu que la vitesse d'avancement diminuait avec le diamètre de forage. Depuis ce premier essai, les sondages à injection d'eau se continuent d'une façon permanente, avec succès, aux Indes néerlandaises, où l'on réussit à atteindre de grandes profondeurs, en partant du diamètre inusité jusqu'alors de 0,200 m.

Les Ingénieurs Hollandais constatent que, non seulement la durée du sondage est moindre qu'avec la tige pleine, mais que les frais de main-d'œuvre sont plus réduits. Seulement ils avouent qu'il leur faut toute leur expérience, et toute leur attention, pour éviter les écueils que nous avons signalés plus haut.

Sondage au diamant. — La sonde creuse à injection d'eau sert aussi à l'exécution des *sondages au diamant*. Ici on n'opère que par rotation sur le tube qui constitue la tige de sonde, et qui porte à sa base une couronne en acier, garnie, par sertissage, d'un certain nombre de petits diamants noirs. Ce procédé présente le grand avantage de fournir, à l'intérieur de la couronne, un petit témoin de terrain naturel, de sorte que, dans les roches dures et homogènes, on peut reconstituer la coupe, en nature, des bancs qu'on a traversés.

La manœuvre se fait à l'aide d'un moteur quelconque; il faut seulement avoir la précaution capitale de disposer l'appareil, de manière à transmettre le mouvement d'avancement de la tige, sans exercer, sur la couronne diamantée, une pression capable de produire l'écrasement des diamants. C'est, du reste, une des difficultés d'application du système, qu'on arrive à vaincre avec de l'attention et de l'expérience; mais il en est une autre plus sérieuse, c'est la solidité du sertissage des pierres qu'on n'est pas encore parvenu à obtenir d'une façon parfaite; il arrive très fréquemment qu'on perde un certain nombre de ces diamants, qui ont une valeur relativement assez élevée; et, de plus, leur abandon dans le forage est une cause de détérioration rapide de la couronne.

L'ensemble des manœuvres par rotation rapide que comporte l'exécution du forage par le diamant noir, fait naître l'idée d'employer ici l'électricité comme force motrice : au Congrès de Chicago, en 1893, on a décrit la mise en œuvre d'un chantier complet par une dynamo actionnant, par une série d'engrenages embrayés électriquement, le treuil de manœuvre, la pompe injectant l'eau dans la sonde creuse et la rotation de celle-ci. La puissance de cette dynamo, pour un trou de 0,036 m et de 200 m de profondeur, atteignait près de 3 ch.

Sondage à la sonde creuse système Raky. — Enfin on s'occupe beaucoup actuellement d'un système dans lequel le principal agent est, de nouveau, l'eau injectée sous pression pour maintenir le fond du forage constamment libre ; il s'agit donc encore ici de la sonde creuse : mais ce qui particularise ce procédé de sondage, breveté sous le nom de *système Raky*, c'est le moyen imaginé pour faire fonctionner le trépan foreur à une vitesse inusitée jusqu'à ce jour. La force est la vapeur : le mouvement est donné à une poulie qui commande, par courroie, un plateau-manivelle et la bielle imprimant un mouvement de va-et-vient au balancier horizontal, auquel la sonde est suspendue : l'adhérence de la courroie est maintenue par un rouleau tendeur, monté sur une bascule à contrepoids ; un des bras du levier de celle-ci a son extrémité au contact de la poulie du plateau-manivelle, laquelle porte, sur le rebord de sa jante, un léger renflement faisant l'effet d'une petite came, pour écarter le tendeur au moment où le trépan approche du fond du trou : la détente de la courroie produit la chute de la sonde, qui est instantanément soulevée par le plateau-manivelle, par la reprise immédiate de la position efficace du tendeur. L'axe du balancier est supporté par de forts ressorts, qui, par leur élasticité, amortissent les chocs que fait subir, à la sonde et à tout le mécanisme, l'irrégularité utile du mouvement. C'est là que réside la grande innovation du système. On arrive ainsi à produire de 80 à 120 coups de trépan par minute; et comme l'attaque a lieu sur un fond parfaitement libre, on obtient un approfondissement d'une rapidité remarquable. La suspension de la tige creuse au levier est faite par un mode spécial qui permet de régler, pendant le battage, la descente progressive de la sonde. La rotation du trépan est pratiquée à la main, comme dans le sondage à tige pleine; l'injection de l'eau se fait à l'aide d'une pompe foulante, comme dans le sondage Fauvelle. On cite des sondages de 100 mètres de profondeur qui ont été terminés en sept ou huit jours de travail de forage; un sondage de 395 mètres, exécuté avec un avancement moyen de 11 mètres par jour; un autre de 500 mètres, avec un avancement moyen journalier de 7 mètres, mais qui, dans les 2 et 300 premiers mètres, atteignait des approfondissements de 18, 14 et 11 mètres par jour.

Il y a là une très ingénieuse idée d'application d'un mécanisme très simple pour obtenir un battage rapide, lequel vient s'ajouter aux avantages incontestables qu'on obtient du système Fauvelle, en agissant sur un fond bien dégagé, et en économisant les manœuvres de curage du trou de sonde.

Mais il ne faut pas se dissimuler qu'on reste en présence des inconvénients qui restreignent les applications de la sonde à injection d'eau; qu'on a à redouter les écueils et les accidents signalés plus haut; et qu'il faut se demander si, comme nous l'avons déjà exprimé, cette rapidité intensive d'approfondissement est de nature à satisfaire aux solutions, justes et certaines, des problèmes que les sondages sont appelés à résoudre.

Nous avons déjà dit, en effet, le danger qu'il y a, dans les recherches d'eaux souterraines, de passer à côté du résultat sans s'en apercevoir; car, on le sait, l'existence d'une nappe ne se trahit souvent que par de très faibles indices, tels, par exemple, que la rencontre d'une mince couche de sables lavés, ou bien un mouvement presque imperceptible dans le niveau statique de l'eau du forage, etc. ; ces faits éveillent l'attention du sondeur; il faut qu'il se garde de laisser descendre un tube qui aveuglerait à tout jamais la source convoitée ; il faut aussi parfois qu'il s'acharne à dégager, par des appels de pompe ou par d'autres moyens, une émergence paresseuse ou obstruée.

N'y a-t-il pas à craindre des mécomptes analogues dans les recherches minières ? D'autant que, dans le procédé en question, on ne recueille pas le moindre échantillon des terrains entraînés en poussière avec le courant d'eau, et qu'avec une telle fougue d'approfondissement, il est impossible de surveiller, de constater les changements d'âge et de nature des étages géologiques qu'on rencontre. Si l'on ajoute à cela l'insouciance de l'ouvrier, trop souvent désintéressé du but réel de la recherche, et enfiévré ici par le désir d'aller vite ; si l'on tient compte des conditions inévitablement défavorables dans lesquelles on se trouvera, à ces divers points de vue, dans un travail qui se poursuit autant de nuit que de jour; enfin si l'on pense que le système impose l'obligation de recourir à d'aussi nombreux et rapides tubages, dont la précipitation peut encore cette fois faire franchir aveuglément les passages intéressants, il est permis d'élever des doutes sur le sort triomphant qui serait réservé à cette ingénieuse innovation, sur laquelle un engoue-

ment, peut-être un peu prompt, a fondé des espérances
financières, dont il serait téméraire d'escompter sans ré-
serve la réalisation.

Sondage à la tige pleine, battage à chute libre.
— Nous avons vu comment, depuis un demi-siècle, on
réussissait à atteindre avec la *sonde pleine*, mais avec
des diamètres encore restreints, des profondeurs de 4 à
600 mètres, à l'aide de moteurs animés et en dernier lieu
avec l'emploi d'une petite machine à vapeur. La *coulisse
d'Œynhausen* avait amoindri l'obstacle de la flexibilité de
la tige, en permettant d'équilibrer une grande partie de
la sonde. Elle servit bientôt de point de départ à un perfectionnement beaucoup plus ingénieux et d'une bien
plus grande importance : cet organe divisait la sonde
simplement en deux parties, dont la tête de l'une glissait
dans l'extrémité inférieure de l'autre ; on lui substitua
une pièce à déclic, grâce à laquelle toute la partie supérieure de la tige de sonde, encore équilibrée, ne sert
qu'à transmettre à la partie inférieure le mouvement
alternatif du balancier de suspension, pour soulever
le trépan, et aller le reprendre après que, par le
déclic, il est tombé de tout son poids sur le fond du
forage.
En plaçant cette coulisse à déclic à quelques mètres
au-dessus de la base du sondage, pour éviter qu'elle ne
fonctionne dans la partie boueuse du fond, on peut
équilibrer en quelque sorte toute la sonde, en donnant à
la partie travaillante, c'est-à-dire au trépan et à la maîtresse tige, le poids qu'on juge nécessaire : l'amplitude
du balancier règle la hauteur de chute, et l'on voit qu'on
peut ainsi atteindre des profondeurs sans limite, avec une

force constante et relativement faible. Cet appareil a reçu le nom de *coulisse à chute libre*.

Le premier a été mis en œuvre par Kind pour l'exécution du puits de Passy, en 1850. Le déclic se produisait en mettant à profit l'eau qui se trouve dans le trou de sonde, pour opposer de la résistance à la descente d'un disque, fer et cuir, muni de deux petites bielles, qui tiraient sur deux crochets encliquetant la tête du trépan. L'arrêt brusque du balancier contre un butoir facilitait le déclanchement.

Divers systèmes furent vite imaginés : les uns opèrent le déclic, comme dans le mouton à sonnette, par l'engagement de l'extrémité des crochets encliqueteurs dans un chapeau en fer prenant son point d'appui sur le fond du sondage, au moyen d'une tringle de longueur convenable ; c'est la *coulisse à poids mort* : d'autres se servent exclusivement du choc du balancier contre un butoir, pour provoquer, dans la montée de la sonde, un arrêt brusque, dont le contre-coup réagit sur les deux crochets qui lâchent le trépan, par suite de la liberté de mouvement vertical que possède leur axe de rotation dans un trou elliptique : les branches supérieures des crochets montent ainsi, en glissant et en s'écartant, sur une sorte de coin fixe qui fait ouvrir les branches inférieures ; c'est la *coulisse à choc*. Dans le même ordre d'idées, un autre constructeur fait l'accrochage de la tête du trépan par un étrier à bascule, qui opère le déclic également par l'effet de la vitesse acquise, au moment du choc du balancier de suspension.

Il existe encore plusieurs variétés basées sur ces principes, mais pour les sondages à petite section, presque tous finirent par céder la place à un mode plus simple, moins encombrant que le système à poids mort, moins bruyant et moins brutal que le système à choc. C'est une sorte de *déclic à verrou* qui réside dans une très légère addition faite à la coulisse d'Œynhausen : la partie de cette coulisse qui porte le trépan et qui glisse dans la double rainure de l'autre partie fixée à la tige de sonde, a son extrémité supérieure formée d'un double talon, ou d'une forte clavette, servant à la guider dans la double rainure : sur le haut de cette dernière est ménagée une encoche dans laquelle se loge le talon, ou la clavette, tête du trépan, par un très léger mouvement de rotation imprimé à la sonde, quand elle pose sur le fond ; dans cette position le balancier, en montant, enlève le trépan, et il suffit pendant l'ascension de détourner, d'un petit coup sec, la tige de sonde, pour que la chute du trépan se produise.

C'est ce qu'on nomme la *coulisse à débrayage.*

La *coulisse à poids mort* et les *coulisses à débrayage* n'exigent, pour leur mise en œuvre, que le mouvement alternatif du balancier obtenu par une bielle et un plateau manivelle. Les *coulisses à choc* fonctionnent à l'aide d'un *cylindre batteur* vertical, dont le tiroir de distribution est disposé pour faire agir la vapeur par-dessus le piston, pour soulever le trépan, et pour ouvrir brusquement l'échappement, de manière à faire redescendre la sonde par son poids, dès que le choc du balancier est produit.

Ces déclics sont indistinctement d'un excellent emploi dans les forages de sections courantes actuellement, c'est-à-dire pour des diamètres de 40, 50 et 60 centimètres, dont les chantiers, avec leur puissante machine à vapeur, leurs robustes mécanismes pour la manœuvre de la sonde, pour le mouvement de chute libre, pour l'opération du curage à l'aide du câble métallique, laissent bien loin derrière eux les modestes installations d'il y a cinquante ans.

Cette progression dans les dimensions des trous de sonde a été surtout facilitée par les progrès de la métallurgie de l'acier ; car on compte, encore aujourd'hui, les aciéries dont l'outillage soit en état de façonner les gros lingots qu'on transforme en lames de trépan des calibres en usage maintenant.

Forages de puits à grandes sections. — Mais on ne s'en tient pas là, et maintenant on ne s'étonne plus de voir foncer, à la sonde, des puits de 7 à 800 mètres de profondeur et de 1 à 2 mètres de diamètre ; nous savons qu'on exécute même couramment, à l'aide du trépan, et avec des procédés de cuvelage spéciaux, des puits de mines de 4^{m}60 de diamètre : les uns se font par agrandissements successifs de 1^{m}37, 2^{m}40 et 4^{m}60, en employant la sonde équilibrée avec la coulisse d'Œynhausen ; c'est le *procédé de fonçage à niveau plein ;* les autres, mais avec le secours de la chute libre à poids mort, seule utilisable pour les diamètres au delà de 80 centimètres environ, arrivent à forer, d'un seul coup, ces puits de 4^{m}60, par le procédé connu sous le nom de *fonçage à niveau plein et à pleine section.*

Avec la sonde à *tige pleine*, et avant l'invention de la chute libre, le battage au trépan se faisait, comme encore maintenant pour les faibles profondeurs, soit avec un crochet à bascule, appelé détente ou déclic qui, suspendu à l'extrémité de la chaine et manœuvré à la main, s'accroche à la tête de la sonde qu'il soulève et lâche, pour venir ensuite la reprendre, et ainsi de suite : soit comme nous l'avons décrit dans notre deuxième partie, par l'emploi d'un cordage attaché à la chaîne, et qui s'enroule, en un ou deux tours seulement, autour du tambour du treuil ; soit encore en se servant d'un manchon de débrayage monté sur l'axe du tambour du treuil.

Par ces moyens, et en manœuvrant à bras, on ne produit le battage qu'à raison de 8 à 10 coups par minute ; au moteur, on atteint 15 à 18 coups.

Pour les sondages profonds, on a employé le débrayage ; puis le battage à la came, ou à la roue à galets, commandant une bascule qui était reliée, par une bielle, au levier de suspension de la sonde ; celle-ci, équilibrée en partie, avec interposition de la coulisse d'Œynhausen, battait, ainsi, à raison de 20 à 25 coups par minute.

Avec la chute libre on arrive à une vitesse de battage de 40 à 60 coups.

Sondage par le système Canadien. — La fièvre des recherches de pétrole, au Canada et aux États-Unis, a incité les Américains à imaginer des installations rapides, économiques, et à chercher le moyen de faire un approfondissement intensif : à partir de 1862, époque du premier grand jaillissement, ce fut partout, dans la Pensylvanie, la Virginie, le Kentucky, etc., une véritable course au clocher. Naturellement, nous l'avons déjà dit, ce fut le système chinois qui, par sa grande simplicité, fut tout de suite en faveur ; mais dès que les recherches arrivèrent à dépasser 100 mètres, les difficultés, les échecs se manifestèrent, et la tige pleine remplaça la corde.

L'ensemble du procédé a reçu le nom de *système cana-*

dien, bien qu'au fond il ne mette en œuvre qu'une sonde ordinaire, équilibrée, avec interposition de la coulisse d'Œynhausen, à laquelle les américains, nous l'avons déjà dit, donnent le nom de *jars* : la tige est très légère, en fer ou en bois, en vue de lui imprimer un mouvement alternatif aussi prompt que possible ; on ne donne du poids qu'au trépan et à la maîtresse tige (*auger stern*) qui le surmonte. La chèvre (*derrick*) a une très grande hauteur, 18 à 20 mètres, de manière à y loger de longues tiges, et à diminuer ainsi, le plus possible, le temps à dépenser pour les manœuvres de la sonde.

Le battage se fait au moyen d'un balancier, auquel est accrochée la vis de suspension (*temper screw*), par la manœuvre de laquelle, comme dans les systèmes à chute libre, on fait suivre à la sonde l'avancement de l'approfondissement. La corde d'attache de la sonde est suspendue à la vis par un système de mordache ou fourchette (*rope socket*) qui, à l'aide d'une petite vis de serrage, saisit le câble, sans l'endommager, en un point quelconque de sa longueur : la mordache est reliée à la vis de suspension par une couronne de billes d'acier qui rend la rotation très aisée.

Ce qui particularise ce procédé, c'est d'abord la simplicité de son installation qui est toute en bois, même les deux treuils de manœuvre et de battage ; c'est ensuite le fonctionnement du trépan qui n'attaque pas la roche par chute, mais seulement par percussion, en utilisant la puissance vive, due au mouvement très rapide imprimé à la tige de sonde et à la masse du trépan suspendue au-dessous du jars. On arrive ainsi à produire 60 à 80 percussions par minute ; et, dans des terrains convenables, cette grande vitesse procure un approfondissement d'autant plus prompt qu'elle s'oppose au dépôt des détritus sur le fond, qui se prête ainsi à une attaque favorable.

Malheureusement, ce système, auquel s'appliquent en grande partie les ressources de l'usage de la tige pleine, ne réussit que médiocrement dans les passages durs ; et, de plus, il est d'un emploi limité aux faibles diamètres qui, nous l'avons vu, présentent souvent de sérieux inconvénients pour l'achèvement heureux des recherches.

Outils spéciaux divers. — Maintenant que nous avons fini de nous occuper des divers principaux systèmes de sondages, il nous reste à dire un mot des instruments secondaires, qui jouent un rôle important dans la pratique des sondages.

Les praticiens se sont ingéniés à faire en sorte que, dans les recherches qui leur sont confiées, rien ne reste dans l'inconnu. Ils ont construit des outils qui leur permettent de ramener au jour des échantillons de terrains naturels, des témoins qui, dans le sondage au diamant, ont 0^m03 à 0^m10, et dans les forages ordinaires, 0^m08 à 0^m20 de diamètre : on arrive, dans les sondages à grandes sections, à extraire ainsi des colonnes de 2^m20 de hauteur et de 0^m70 à 0^m80 de diamètre.

Nous avons déjà présenté, dans la première partie, page 9, les *trépans découpeurs* et les *emporte-pièce* utilisés à cet effet : Les *carottes* servent à reconnaître non seulement la nature, la constitution exacte des terrains qu'on traverse et l'étage géologique auquel ils appartiennent, mais aussi, grâce à des procédés ou des instruments *ad hoc*, l'inclinaison et l'orientation de leur stratification.

De même s'il s'agit de prélever, à des profondeurs déterminées, des échantillons d'eaux douces ou minérales, on possède des éprouvettes qui fonctionnent au point précis, et font des prises qui donnent, aux analyses chimiques et bactériologiques, l'assurance de la plus complète exactitude.

L'esprit inventif des sondeurs à encore eu un vaste et inépuisable champ d'action, dans les découvertes d'appareils pour les réparations d'accidents de sondes, pour le redressement des sondages, dans les moyens d'utilisation de la dynamite pour franchir les passages récalcitrants ou pour briser des obstacles métalliques, etc.

Mais c'est surtout la grande et capitale opération *des tubages*, qui a donné lieu à de nombreux et intéressants perfectionnements de l'outillage dont elle exige la mise en œuvre.

Nous ne parlerons pas de la forme ni de la disposition des tubes eux-mêmes, ni des matériaux employés à leur construction, non plus que des modes variés d'assemblage des tronçons au moment de leur descente dans les forages ; nous ne ferons que rappeler, à cette occasion, les grands progrès réalisés dans la fabrication des tubes en fer, ou en acier étiré, qui, assemblés par manchons à vis, entrent de plus en plus en usage dans l'exécution des sondages. C'est surtout dans les puits à pétrole que leur emploi s'impose, à cause de leur forte épaisseur, pour résister aux énormes pressions qui se produisent instantanément.

Pour atteindre les grandes profondeurs, et pour éviter les inconvénients et les dangers d'arriver à des diamètres trop restreints, il importe de pouvoir faire franchir aux tubages les obstacles sur lesquels ils s'arrêtent, ou, le plus souvent encore, de les pousser jusqu'à une nouvelle couche meuble, rencontrée à une certaine distance en contre-bas d'une précédente qui a réclamé un tubage de soutènement. Pour cela, l'opération consiste à élargir le forage au-dessous du pied d'une colonne de tubes mise en place antérieurement. On a imaginé depuis longtemps, et surtout dans ces dernières années, des *outils élargisseurs* donnant les meilleurs résultats ; on en a fait agissant *par percussion* pour les roches dures, et *par rotation* pour les roches traitables : les premiers sont de véritables trépans à lames, en forme d'oreilles mobiles, s'ouvrant au-dessous du tubage par l'effet de ressorts, ou par des tendeurs, ou encore par des coins à vis : d'autres sont formés de deux trépans dont les longues tiges sont soudées ensemble par leur extrémité pour faire ressort à pincette, de manière que les deux lames appliquées l'une sur l'autre, afin de les faire passer dans le tuyau, s'écartent, dès qu'elles quittent ce dernier, pour attaquer le terrain sur un plus grand diamètre.

Les *élargisseurs par rotation* les plus simples sont constitués par des mains d'acier s'ouvrant à charnière, sur un cylindre en fonte : Un autre type est formé par des griffes d'acier fixées à une tige ronde, placée excentriquement à l'axe d'un cylindre en tôle, auquel on donne à peu près le diamètre du tubage ; dès que l'instrument arrive au pied du tube, la tige, en tournant dans le cylindre, fait mordre les griffes qui, par rotation, développent un rayon d'attaque beaucoup plus grand que le cercle de base de la colonne à mettre en mouvement.

Après l'élargissage, les colonnes de tubes descendent ou par leur poids, ou par des coups de mouton, ou par des pressions exercées, sur leur tête, par des jeux de vis spéciales, appelés *vis de pression*, disposées pour ce genre d'opération.

Ces mêmes vis sont combinées pour pouvoir servir à l'opération inverse, c'est-à-dire à l'extraction des tuyaux qu'il est inutile d'abandonner dans un forage.

Quand on a cette manœuvre à exécuter sur une colonne pesante, ou enserrée dans les terrains sur une certaine longueur, quelque solide que soit le rivetage des tronçons qui la composent, il y aurait à craindre un déboîtement, si l'on n'opérait la traction que sur son extrémité supérieure. On la saisit également par le pied au moyen d'un *arrache-tuyau ;* et on a de plus ainsi le moyen de combiner deux efforts simultanés, qu'on rend solidaires, en amarrant solidement, à la tête du tubage, la tige de sonde qui porte l'arrache-tuyau en prise, et qui fait l'office d'un long tirant.

Les *arrache-tuyaux* ont été, à l'origine, des crochets ordinaires, simples ou doubles, saisissant la colonne par-dessous sa circonférence inférieure : ces crochets faisaient ressort à pincette, ou consistaient en deux galets montés à charnière sur un mandrin en fer ou en fonte. Mais ils avaient l'inconvénient grave de déchirer et de rebrousser la tôle. On leur a substitué, dans ces dernières années, un outil qui fait prise à l'intérieur du tube, à la place que l'on choisit. Il consiste en quatre ou six griffes en acier, logées dans autant de mortaises d'un manchon en fer ou en fonte, à l'intérieur duquel un cône à vis, manœuvré par la tige de sonde, descend pour les chasser de leur logement et les appliquer, à refus, contre la tôle dans laquelle s'incruste leur surface extérieure.

Dans d'autres circonstances, on peut avoir intérêt à

ne retirer que partiellement les tubages : il faut alors
opérer la solution de continuité juste à la place voulue.
Primitivement ce sectionnement s'opérait à l'aide de
couteaux en acier montés à charnière sur un mandrin
en fer ou en fonte : mais on déchirait la tôle plutôt
qu'on ne la coupait ; et la tête de la partie de colonne
qu'on abandonnait dans le trou de sonde était déformée,
irrégulière, les outils qu'on avait à y faire passer ensuite
ne s'y introduisaient que difficilement. On emploie maintenant les *lime-tuyaux*, formés de segments de disques
en acier, taillés en lime, sur leur pourtour arrondi, et
fixés sur les extrémités inférieures d'un fort ressort à
pincette. Quelques heures de rotation suffisent pour
opérer la section de tôles de 3, 4 ou 5 millimètres.

L'instrument le plus moderne, et qui est tout à fait
mécanique, est le *coupe-tuyaux à galet et à vis ;* il consiste en un galet quadrangulaire terminé par une pointe
façonnée en crochet de tour ; ce galet glisse dans une
mortaise, et se meut comme les galets d'arrache-tuyaux
dont nous avons parlé tout à l'heure ; seulement ici le
mouvement du cône à vis est réglé de manière à ne pas
se produire pendant la rotation à droite, dans le sens de
laquelle l'outil fait sa saignée dans la tôle. Pour cela la
vis du cône est à gauche ; un encliquetage à rochet horizontal, qui est divisé en dix dents, permet de ne faire
descendre la vis que par dixième de la hauteur de son
pas : l'inclinaison du cône réduit encore la longueur pro-
portionnelle de la poussée horizontale imprimée au galet,
qui n'avance ainsi qu'à la volonté, et d'une quantité infi-
nitésimale. Le jeu de l'encliquetage est combiné de telle
sorte que, après le détour à gauche pour faire descendre
le cône, la reprise à droite entraîne la rotation de l'outil

qui annonce lui-même la façon complète de la saignée, par la liberté de son mouvement. La section de la tôle se fait donc ici aussi nette que sur le tour ; quand elle est achevée, il suffit de continuer à faire descendre la vis pour que le galet rentre de lui-même entièrement dans son logement, afin que le coupe-tuyau puisse être remonté au jour.

Captage des nappes souterraines. — L'utilisation de ces divers instruments a permis d'apporter une très heureuse modification à la façon de procéder au captage des nappes souterraines recherchées par forages. Quand, par exemple, on trouve l'eau dans une couche sableuse, il faut, pour bien dégager la nappe, pénétrer jusqu'à la base des sables : traverser ceux-ci avec une colonne pleine, c'est infailliblement couper le passage à l'eau : alors, ou bien on arrêtait le pied de cette colonne à la tête de la couche aquifère, et l'eau ne passait que par l'orifice inférieur du tubage, ce qui est défectueux ; ou bien on avait eu soin de lanterner, de crépiner, sur une certaine hauteur, la base de la colonne, pour assurer le libre passage de l'eau sur la hauteur des sables ; mais alors on risquait de ne pas pouvoir descendre jusqu'au terrain qui succède ; car les manœuvres de sonde pouvant faire appel par les trous du lanternage, l'intérieur du tube s'ensablait, et les outils n'arrivaient plus jusqu'à la base de la colonne qu'il fallait faire descendre.

Ces difficultés sont encore bien plus grandes quand, pour tirer le meilleur parti d'un forage, on veut pouvoir utiliser les produits de plusieurs nappes superposées : dans ce cas, on a eu recours aux tubages télescopiqués avec l'idée de recueillir l'eau, par les espaces annulaires,

autour de l'orifice supérieur de chaque tronçon de colonne ; mais ce procédé a le grave inconvénient d'occa-
sionner des rétrécissements, rapides et successifs du forage, et le résultat obtenu peut n'être qu'éphémère, car
ces espaces annulaires s'ensablent, s'obstruent, et il est
difficile, si même impossible, de les dégager.

Aujourd'hui on pare à tous ces obstacles, à toutes ces
difficultés, en exécutant le forage tout entier en colonnes
pleines, en notant avec attention les passages qui con-
tiennent les nappes à utiliser ; et après avoir descendu
librement, à l'intérieur des autres, le tubage définitif,
lanterné exactement en face des venues d'eaux, on opère
l'extraction des colonnes pleines qu'on a eu soin de dé-
marrer préalablement, en agissant avec les arrache-
tuyaux, les coupe-tuyaux et autres appareils dont nous
venons de parler.

Quelquefois, soit en reprenant d'anciens travaux, soit
par certaines circonstances, (une question de diamètre
trop restreint, par exemple), on a été obligé de descendre une colonne d'ascension en cuivre ou en fer,
sans pouvoir la lanterner à l'avance ; on pratiquait,
après coup, des passages à l'eau, en la crevant avec des
galets pointus fonctionnant par fortes secousses, comme
les couteaux à charnière des coupe-tuyaux cités plus
haut : les ouvertures ainsi créées, non seulement défor-
maient les tuyaux, mais livraient un trop facile passage
aux gros éléments mélangés aux sables, et occasion-
naient la plus ou moins prompte obstruction du tuyau
d'ascension. On fait maintenant usage du *pique-tuyau*
qui fonctionne par l'effet d'une vis et d'un cône agissant
sur quatre longues branches, ou leviers, dont l'extré-

mité supérieure est armée d'une pointe fine en acier chromé très dur. Avec un peu de pratique, on réussit aisément à manœuvrer cet outil, et à obtenir un lanternage en trous de 4 à 5 millimètres, très rapprochés les uns des autres.

On se trouve parfois en présence de nappes souterraines existant dans des sables tellement fins et fluides que, jusqu'en ces derniers temps, il était absolument impossible d'utiliser leur eau ; car partout où elle passait, le sable venait avec elle, même au travers des toiles métalliques les plus serrées, ou des feuilles de feutre dont on garnissait les trous de lanternage des tuyaux.

Grâce à un nouveau système de tubage, appelé *cuvelage filtrant*, (Pl. V, fig. 4) on peut aujourd'hui faire usage de cette eau, généralement d'excellente qualité. On descend dans le forage un tube polygonal en fonte, fermé à sa partie inférieure ; sa surface extérieure est formée de petites cases rectangulaires, dont le fond de chacune est percé d'un trou ; toutes ces cases sont garnies d'une dalle poreuse. Lorsque le travail est terminé, ces plaques perméables sont au contact des sables aquifères ; l'eau passe limpide au travers de ce grand filtre, pénètre par les trous des cases dans l'intérieur du cuvelage faisant l'office d'un réservoir, dans lequel on puise à l'aide d'une pompe. Le volume d'eau utilisable est évidemment ici fonction de la pression extérieure, et de la surface filtrante, c'est-à-dire de la hauteur noyée et du diamètre du cuvelage.

Ces dernières considérations démontrent que ce système de puits filtrants n'a qu'un domaine d'applications assez limité, car il ne peut être question d'utiliser ainsi

que des nappes peu profondes : les plaques filtrantes ne
fonctionnent utilement qu'avec une épaisseur relativement faible, qui ne pourrait pas résister à des pressions
de plus de 30 à 35 mètres de hauteur d'eau.

La question de l'utilisation des nappes souterraines
non jaillissantes nous oblige à parler des moyens dont on
dispose, pour en tirer le meilleur parti possible. Nous
n'entendons pas présenter au lecteur toute la série, bien
connue de lui, des divers appareils élévatoires, pompes
de systèmes variés, pulsomètres, norias, etc., à l'aide
desquels on prend l'eau dans un puits, ou dans un
forage, quand le puisage ne se fait qu'à quelques mètres
en-dessous du niveau statique de l'eau. Mais comme une
nappe souterraine ascendante débite d'autant plus qu'on
produit une dénivellation aussi grande qu'on le peut sur
la colonne d'eau montante, on comprend l'intérêt qu'il
y a à être maître de puiser l'eau d'une telle nappe aussi
près qu'on le voudra de la profondeur à laquelle on l'a
rencontrée.

On utilise alors, à cet effet, la *pompe à fourreau*, pl. V,
fig. 5, qui plonge aussi bas qu'il convient dans le tube
du forage ; elle est formée d'un corps en cuivre, avec
petit tuyau d'aspiration crépiné, surmonté d'une succession de tuyaux formant colonne élévatoire ; le fond du
corps de pompe est muni d'un clapet de retenue ; dans
son intérieur un piston Letestu est actionné par un jeu de
tiges, lesquelles sont mises en mouvement, au sol, par un
plateau-manivelle. L'extrémité supérieure de la colonne
de tuyaux porte un stuffing-box à tubulure, au travers
duquel passe la tige, et auquel est branchée, avec interposition d'un récipient d'air, la colonne de refoulement.

Cette pompe est à simple effet ; un contrepoids adapté, en bonne situation, au plateau-manivelle, fait équilibre à la colonne d'eau pour régulariser la marche du mouvement.

Lorsque les nappes rencontrées sont puissantes et si le diamètre du forage a été adopté en conséquence, on obtient un bien plus grand débit avec la *pompe à fourreau à double effet* figurée pl. V, fig. 6.

Dans son corps de pompe, fonctionnent deux pistons dont le supérieur, porté par une double tige, est traversé à frottement doux, à son centre, par la tige du piston inférieur : l'attelage des trois tiges est actionné par un vilebrequin dont le mouvement est tel que l'un des pistons monte pendant que l'autre descend. Ainsi, quand le piston supérieur va de haut en bas, en s'ouvrant, le piston inférieur soulève toute la colonne d'eau, et, dans la seconde moitié de la rotation de l'arbre coudé, ce sera le piston du dessous qui descendra, pendant que celui du dessous débitera sa cylindrée : ici, on le voit, il y a équilibre naturel du mouvement.

Ces sortes de pompe trouvent encore leur emploi pour les puisages d'eaux minérales, de pétrole et, dans les salines, pour l'extraction de l'eau saturée : suivant la nature du liquide les fourreaux se font en tôle galvanisée, ou en cuivre.

Enfin nous signalerons aussi le dispositif pl. V, fig. 7 et 8, qui est d'une utilisation pratique pour obtenir rapidement, et économiquement, l'eau souterraine qui existe, dans les terrains d'infiltration superficiels, dans lesquels on peut aisément faire pénétrer, à coups de masse, un tube en fer de petit diamètre : celui-ci est, à cet effet, muni, à sa partie inférieure, d'une pointe d'acier, au-dessus de laquelle il est crépiné en petits trous, sur une certaine hauteur. A sa tête est adaptée provisoi-rement une chape à deux poulies, sur lesquelles passent deux câbles accrochés chacun à une des anses d'un petit mouton cylindrique, glissant le long du tuyau. — Le choc de ce mouton manœuvé par deux hommes, placés en regard l'un de l'autre, se produit sur une couronne fixée solidement sur le tube. Quand, après avoir vissé, les unes à la suite des autres, les allonges du tube à me-sure de son enfoncement, on a pénétré dans la couche aquifère, dont le niveau ne doit pas se tenir à plus de 8 ou 9 mètres de la surface du sol, on démonte tout l'attirail de manœuvre, et on visse, à la tête du tube, une petite pompe à balancier, fig. 8, à laquelle le tuyau foreur servira de tuyau d'aspiration.

On a donné à ce système le nom significatif de *puits instantané;* on l'appelle aussi *puits abyssinien,* à cause des services qu'il a rendus aux Anglais, dans l'expédition d'Abyssinie et dans la guerre des Ashantis.

CONCLUSION

Avant de terminer, nous tenons à répéter que, dans la sommaire revue que nous avons faite des différents procédés de sondage, nous n'avions pas la prétention de donner une description de tous les systèmes existants ; nous nous sommes borné à présenter ceux ayant un caractère tout à fait distinctif, sans énumérer les nombreuses variétés dont ils ont été les points de départ.

Nous avons cherché aussi à exposer le mieux possible les principaux avantages et inconvénients de chacun d'eux, et ces rapides critiques nous conduisent à conclure que, pour les petits sondages, la sonde à tige pleine est, sans contredit, la seule qui puisse être avantageusement utilisée. Quant aux sondages profonds, si nous reconnaissons que plusieurs nouveaux systèmes arrivent à un approfondissement d'une rapidité extraordinaire et impossible à obtenir, quant à présent du moins, avec la tige rigide, nous devons constater que tous entraînent à une grande élévation du prix de revient des forages, qu'ils ne réussissent pas partout et toujours, et que leur vitesse d'exécution ne cadre pas avec des diamètres dé-passant une limite trop restreinte.

Nous croyons alors qu'il n'y a de certitude de mener à bien une entreprise, débutant dans des terrains incon-nus, qu'à l'aide de la tige pleine ; et que le sondage exé-cuté avec la sonde rigide conservera, longtemps encore, la prédominance dont il a toujours joui, envers et contre toutes les créations nouvelles, dont la vogue initiale s'est calmée dès qu'on constatait que l'application du sys-tème n'était possible et avantageuse que dans des condi-tions de travail tout à fait spéciales ; ou dès qu'on con-naissait des insuccès, soit dans les recherches elles-mêmes, soit dans la continuation d'un sondage, par la trop rapide diminution du diamètre, etc.

Il est indubitable que seul, jusqu'à présent, le *sondage à la tige pleine* a pu donner satisfaction à toutes les exi-gences de quelque nature qu'elles soient, qu'il n'est nulles difficultés d'aucune sorte qu'il n'ait réussi à vaincre ; et, point capital, avec lui la considération du diamètre initial n'existe pas : avec tous les autres sys-tèmes dont nous nous sommes occupé jusqu'alors, il ne peut être question de commencer un sondage à plus de 30 ou 35 centimètres de diamètre, et alors tout est à refaire, ou perdu, si on arrive à n'avoir plus qu'un dia-mètre limite de 10 centimètres. Avec la tige pleine, on ouvre le sondage à un aussi grand diamètre qu'on le veut, on a le moyen de conserver les tubages sans réduction aussi rapide de section, grâce aux instru-ments perfectionnés qui servent à leur manœuvre et à leur prolongation, mais qui ne sont dociles, dans la main du sondeur, qu'en raison de la rigidité de la tige de sonde ; avec la tige pleine, il n'y a pas à craindre de voir un sondage se perdre par suite d'un accident irréparable ; enfin, on le voit, avec la tige pleine, on ne doit jamais être exposé à se trouver dans l'obligation d'interrompre une entreprise, en faisant le sacrifice des dépenses faites, sans rester maître de pouvoir la conduire jusqu'au but que l'on poursuit.

Il n'est pas à dire que les nombreux perfectionnements dont ce système a été l'objet jusqu'ici, et que nous avons passés succinctement en revue, doivent être jugés comme ayant dit leur dernier mot : loin de là ! il reste encore beaucoup à faire, notamment surtout en vue d'accroître la rapidité d'exécution.

C'est dans cette voie que les praticiens continuent à diriger leurs tentatives et leurs recherches ; mais ils s'appliquent, bien entendu, à sauvegarder la confiance qu'on doit avoir d'arriver au résultat qui est l'objet du sondage ; ils veulent aussi éviter que la sonde ne fasse faillite à la science en devenant incapable de doter celle-ci des documents précieux qui ont tant contribué, jusqu'à présent, aux progrès de la géologie universelle.

D'après ces considérations, il nous paraîtrait rationnel de composer un système, à l'aide duquel on exécuterait le forage, en commençant par un diamètre en rapport avec la profondeur qu'on suppose devoir être atteinte, lequel, pour les sondages de grande profondeur, ne permettrait pas l'utilisation immédiate de l'un des procédés nouveaux dont nous avons parlé.

Il faudrait débuter par l'emploi de la chute libre qui a déjà procuré, sur les anciens systèmes, l'avantage d'un battage plus rapide, qu'il est possible encore d'améliorer : puis, quand le travail sera déjà assez avancé, pour que son diamètre rentre dans les limites nécessaires, on pourra recourir à l'injection d'eau, par exemple.

Dans ce but, nous ne voyons aucun inconvénient à composer, dès le début, la sonde avec des tiges creuses, convenablement construites pour fonctionner dans les mêmes conditions que la tige pleine. On aura ainsi la sonde rigide, qui est indispensable pour la chute libre, et qui permettra de passer d'un procédé à l'autre, sans avoir à modifier d'aucune sorte l'installation du chantier, et son outillage de manœuvre. Nous allons même plus loin en déclarant possible l'emploi de la sonde creuse pour le battage à chute libre.

La question est posée, et le problème une fois bien résolu, nous obtiendrons une sorte de système universel combinant le battage rapide, et l'emploi, *ad libitum*, de la chute libre avec ou sans injection d'eau. On réussira, de la sorte, à éviter la majeure partie des inconvénients dont nous avons parlé, dans chacun des nouveaux procédés que nous avons passés sommairement en revue.

DEVIS DE MATÉRIELS DE SONDAGES

Il est extrêmement difficile, il est même impossible d'établir une sorte de catalogue, dans lequel on puisse trouver toute dressée la composition de l'appareil de sondage, parfaitement approprié au travail auquel on veut l'employer. Car non seulement, comme nous l'avons fait voir, la force de la sonde doit être en proportion de la profondeur et du diamètre à donner au forage, mais les dispositions locales, le but à atteindre, la nature du rocher à traverser, le nombre et les longueurs des tubages à employer, les conditions de transport, etc., sont autant d'éléments dont la combinaison fait nécessairement varier, en quelque sorte pour chaque sondage à faire, le choix des outils, la longueur des tiges, les tubes à commander, etc.

Aussi, nous l'avons dit au début, dans les états de composition de matériels que nous allons donner, nous ne prétendons nullement les présenter comme des devis à adopter quand on aura à s'approvisionner d'une sonde de 15, de 30, de 60 mètres, etc.; ce ne sont d'abord que des sortes de jalons, parmi ou entre lesquels on trouvera la force ou le numéro de l'appareil à utiliser ; puis, fixé sur ce point, et connaissant la destination des outils ou engins, dont nous donnons la nomenclature, avec renvoi aux planches des dessins, pour en faire retrouver la forme ou la disposition, il deviendra assez facile de reconnaître ceux dont on jugera l'emploi avantageux, de calculer la dépense approximative qu'occasionnera l'acquisition de la sonde proprement dite, et celle qu'il conviendra de faire, s'il y a lieu, pour posséder les longueurs de tubes, et le nombre de boulons, ou rivets prévus comme devant être nécessaires.

Mais quand on voudra avoir des indications précises sur la composition et le prix de revient de l'appareil, connaître son poids, les frais d'emballage, etc., en donnant au constructeur un aperçu aussi exact que possible des conditions dans lesquelles on aura à faire fonctionner la sonde, il sera toujours possible à ce dernier de dresser un devis très détaillé de l'appareil correspondant bien exactement aux besoins du travail à exécuter.

APERÇU

DE COMPOSITION DE SONDES POUR DIVERSES PROFONDEURS

PLANCHES	FIGURES	DÉSIGNATION DES OUTILS	PRIX approximatifs
			fr.
		A. — Sondages de 2 mètres.	
I	32	Sonde Palissy...................... *la pièce.*	29 »
		B. — Sondages de 3 mètres.	
I	32	Sonde Palissy renforcée.............. *la pièce.*	45 »
		C. — Sondages de 7 à 8 mètres, **Sonde n° 6.**	
I	17	Une clef de retenue n° 6............. *la pièce.*	8 »
»	23	Un manche de manœuvre............. *la pièce.*	23 »
»	19 20	Deux tourne-à-gauche............... *les deux.*	12 »
»	13	Une allonge n° 6 de 1 mètre.......... *la pièce.*	16 »
»	12	Trois ou quatre tiges n° 6 de 2 mètres, *la pièce.*	22 »
»	1	Un trépan n° 6 de 70 mill. de diamètre, *la pièce.*	24 »
»	6	Une tarière n° 6 de 65 mill. de diamètre, *la pièce.*	44 »
		D. — Sondages de 10 à 15 mètres, **Sonde n° 6.**	
	21	Une tête de sonde, n° 6............. *la pièce.*	21 »
»	15	Une clef de relevée................. *la pièce.*	23 »
»	14	Une esse à brides.................. *la pièce.*	7 »

PLANCHES	FIGURES	DÉSIGNATION DES OUTILS	PRIX approximatifs
			fr.
»	17	Une clef de retenue.................. *la pièce.*	8 »
»	23	Un manche de manœuvre............ *la pièce.*	23 »
»	19 20	Deux tourne-à-gauche............... *les deux.*	12 »
»	13	Une allonge n° 6 de 1 mètre......... *la pièce.*	16 »
»	12	Cinq à sept tiges n° 6 de 2 mètres... *la pièce.*	22 »
»	5	Une tarière ouverte de 90 millim. de diamètre, ... *la pièce*	60 »
III	3	Tuyaux de 80 millim. de diamètre par bouts de 1 ou 2 mètres............. *le mètre courant.*	13 »
I	6	Boulons de jonction (6 par jonction)... *le cent.*	20 »
I	1	Deux trépans n° 6 à téton de 70 millim. de diamètre............................ *la pièce.*	24 »
»	6	Une tarière ouverte n° 6 de 65 millim. de diamètre............................ *la pièce.*	44 »
»	7	Une tarière rubannée n° 6 de 65 millim. de diamètre............................ *la pièce.*	23 »
»	8	Une soupape à clapet n° 6 de 60 millim. de diamètre............................ *la pièce.*	48 »
»	9	Une soupape à boulet n° 6 de 60 millim. de diamètre............................ *la pièce.*	48 »
»	27	Une caracole n° 6.................... *la pièce.*	16 »
II	1	Une chèvre en fer à 3 montants avec poulie et câble............................ *la pièce.*	125 »

E. — Sondages de 18 à 30 mètres, Sonde n° 5.

PLANCHES	FIGURES	DÉSIGNATION DES OUTILS	PRIX approximatifs
I	21	Une tête de sonde n° 5.............. *la pièce.*	23 »
»	15	Une clef de relevée................. *la pièce.*	28 »
»	14	Une esse à brides................... *la pièce.*	8 »
»	17	Une clef de retenue................. *la pièce.*	9 »
»	23	Un manche de manœuvre............ *la pièce.*	32 »
»	19 20	Deux tourne-à-gauche............... *les deux.*	14 »
»	13	Une allonge n° 5 de 1 mètre. .... *la pièce.*	27 »
»	12	Une allonge n° 5 de 2 mètres........ *la pièce.*	34 »
»	12	Quatre à dix tiges n° 5 de 3 mètres... *la pièce.*	41 »
»	1	Un trépan à téton n° 5 de 140 millim. de diamètre............................ *la pièce.*	63 »

PLANCHES	FIGURES	DÉSIGNATION DES OUTILS	PRIX approximatifs	
			fr.	
»	5	Une tarière ouverte n° 5 de 130 millim. de diamètre. .... *la pièce.*	96	»
III	3	Tuyaux de 110 millim. de diamètre par bouts de 1 et de 2 mètres........ *le mètre courant.*	18	»
»	6	Boulons d'assemblage (10 par jonction), *le cent.*	20	»
1	1	Deux trépans à téton n° 5 de 100 millim. de diamètre.................... *la pièce.*	44	»
»	5	Une tarière ouverte n° 5 de 95 millim. de diamètre.................... *la pièce.*	65	D
»	7	Une tarière rubannée n° 5 de 95 millim. de diamètre.................... *la pièce.*	37	»
»	8	Une soupape à clapet n° 5 de 90 millim. de diamètre.. .... *la pièce.*	80	»
»	9	Une soupape à boulet n° 5 de 90 millim. de diamètre.................... *la pièce.*	88	»
»	27	Une caracole n° 5.................... *la pièce.*	24	»
»	28	Une cloche à vis n° 5 .... *la pièce.*	63	»
11	2	Un tambour à manivelles avec rochet, chien et toc. .... *la pièce.*	225	»
»	23	Une poulie et son axe de 280 millim., *la pièce.*	35	»
»	»	Une chaîne de 8 mètres de 10 millim., *la pièce.*	21	»
»	2	Une chèvre à 3 montants ferrés de 5 mètres de hauteur...................... *la pièce.*	150	»
		N.-B. — On a généralement intérêt à construire cette chèvre sur place et à ne prendre que les ferrures dont le prix est de............	35	»
V	1	Ou bien on commande la chèvre de 5 mètres, en fer, du prix de............	450	»

**F. — Sondages de 40 à 80 mètres,
Sonde n° 4.**

PLANCHES	FIGURES	DÉSIGNATION DES OUTILS	PRIX approximatifs	
I	21	Une tête de sonde n° 4............... *la pièce.*	32	»
»	15	Une clef de relevée.................... *la pièce.*	40	»
»	14	Une esse à brides.................... *la pièce.*	12	»
»	17	Une clef de retenue.................... *la pièce.*	16	»
»	23	Un manche de manœuvre............ *la pièce.*	39	»
»	19 20	Deux tourne-à-gauche.............. *les deux.*	17	»
»	13	Une allonge n° 4 de 1 mètre.......... *la pièce.*	37	»

PLANCHES	FIGURES	DÉSIGNATION DES OUTILS	PRIX approximatifs
			fr.
»	12	Une allonge n° 4 de 2 mètres.......... *la pièce*.	46 »
»	12	Une allonge n° 4 de 3 mètres.......... *la pièce*.	55 »
»	12	Neuf à douze tiges n° 4 de 4 mètres, *la pièce*..	64 »
»	2	Un trépan à téton n° 4 de 140 millim. de diamètre.................... .... *la pièce*.	75 »
»	5	Une tarière ouverte n° 4 de 130 millim. de diamètre. .... *la pièce*.	106 »
III	3	Tuyaux de 110 millim. de diamètre par bouts de 1 ou 2 mètres.......... *le mètre courant*.	18 »
»	6	Boulons d'assemblage (10 par jonction), *le cent*.	20 »
I	1	Deux trépans à téton n° 4 de 100 millim. de diamètre...................... *la pièce*..	55 »
»	5	Une tarière ouverte n° 4 de 95 millim. de diamètre..................... *la pièce*.	78 »
»	7	Une tarière rubannée n° 4 de 95 millim de diamètre...................... *la pièce*.	46 »
»	8	Une soupape à clapet n° 4 de 90 millim. de diamètre................. *la pièce*.	94 »
»	9	Une soupape à boulet n° 4 de 90 millim. de diamètre................. *la pièce*.	101 »
»	27	Une caracole n° 4.............. .... *la pièce*.	38 »
»	28	Une cloche à vis n° 4.................. *la pièce*.	80 »
»	23	Une poulie et son axe de 320 millim. de diamètre......... ... . *la pièce*.	41 »
»	»	Une chaîne-câble de 10 mètres, de 12 millim., ... *la pièce*.	35 »
II	3	Un treuil-chèvre complet avec roue de rechange, ... *la pièce*.	750 »
»	3	Une chèvre à 4 montants de 6 mètres de hauteur..................... *la pièce*.	230 »
		N.-B. — On a généralement intérêt à construire cette chèvre sur place et à ne commander que les ferrures dont le prix est de.......	40 »
V	2	Ou bien on commande la chèvre de 6 mètres en fer, du prix de....................	620 »

G. — Sondages de 60 mètres,
Sonde n°s 3-4.

PLANCHES	FIGURES	DÉSIGNATION DES OUTILS	PRIX approximatifs
I	21	Une tête de sonde n° 4.............. *la pièce*.	32 »
I	15	Une clef de relevée n°s 3 et 4......... *la pièce*.	52 »

PLANCHES	FIGURES	DÉSIGNATION DES OUTILS	PRIX approximatifs	
			fr.	
»	14	Une esse à brides n° 4................ *la pièce.*	14	»
»	18	Une clef de retenue n°s 3 et 4 ......≳. *la pièce.*	19	»
»	24	Un manche de manœuvre n° 3........ *la pièce.*	48	»
»	19 20	Quatre tourne-à-gauche n°s 3 et 4... *les quatre.*	42	»
»	13	Une allonge n° 4 de 1 mètre.......... *la pièce.*	37	»
»	12	Une allonge n° 4 de 2 mètres........ *la pièce.*	46	»
»	12	Une allonge n° 4 de 3 mètres........ *la pièce.*	55	»
»	12	Huit tiges n° 4 de 4 mètres.......... *la pièce.*	64	»
»	12	Une tige-raccord n°s 3 et 4 de 4 mètres, *la pièce.*	83	»
»	12	Un raccord n°s 3 et 4 de 1 mètre..... *la pièce.*	45	»
I	12	Cinq tiges n° 3 de 4 mètres.......... *la pièce.*	88	»
»	3.4	Deux trépans n° 3, 1 plat, 1 à gouges de 155 mill. de diamètre...................... *les deux.*	316	»
»	5	Une tarière ouverte n° 3 de 150 millim. de dia-mètre.................... *la pièce.*	161	»
»	7	Une tarière rubannée n° 3 de 150 millim. de dia-mètre...................... *la pièce.*	98	»
»	8	Une soupape à clapet n° 3 de 140 millim. de dia-mètre.................... *la pièce.*	182	»
III	3	Tuyaux de 165 millim. de diamètre par bouts de 1, 2 ou 4 mètres........ *le mètre courant.*	26	»
»	6	Boulons d'assemblage (12 par jonction), *le cent.*	20	»
I	3.4	Deux trépans n° 3, 1 plat, 1 à gouges de 120 mil-lim. de diamètre................. *les deux.*	253	»
»	5	Une tarière ouverte n° 3 de 115 millim. de dia-mètre.................... *la pièce.*	110	»
»	8	Une soupape à clapet n° 3 de 110 millim. de dia-mètre.................... *la pièce.*	136	»
»	9	Une soupape à boulet n° 3 de 110 millim. de dia-mètre.. .... *la pièce.*	150	»
III	3	Tuyaux de 125 millim. de diamètre par bouts de 1, 2 ou 4 mètres........ *le mètre courant.*	121	»
»	6	Boulons d'assemblage (12 par jonction), *le* .... *cent.*	20	»
I	27	Une caracole n° 3.................... *la pièce.*	55	»
»	28	Une cloche à vis n° 3................ *la pièce.*	126	»
»	33	Une poulie et son axe de 340 millim. de diam., *la pièce*....................	45	»
»	»	Une chaîne-câble de 12 mètres, de 15 mm., *la pièce*	48	»
II	3	Un treuil-chèvre complet avec roue de rechange, ... *la pièce.*	750	»

PLANCHES	FIGURES	DÉSIGNATION DES OUTILS	PRIX approximatifs
			fr.
»	3	Une chèvre renforcée à 4 montants ferrés de 6 mètres de hauteur.... .... *la pièce.*	280 »
»	»	Ferrures seules (de la chèvre qu'on construirait sur place)........................ *la pièce.*	42 »
V	3	Ou bien on commande la chèvre de 6 mètres, en fer, du prix de................ ...	800 »

II. — Sondages de 60 à 80 mètres, Sonde nos 3-4.

PLANCHES	FIGURES	DÉSIGNATION DES OUTILS	PRIX approximatifs
I	21	Une tête de sonde nº 4.............. *la pièce.*	32 »
»	16	Une clef de relevée nos 3 et 4........ *la pièce.*	99 »
»	14	Une esse à brides nº 3.............. *la pièce*	25 »
»	18	Une clef de retenue nos 3 et 4........ *la pièce.*	23 »
»	24	Un manche de manœuvre nº 3........ *la pièce.*	48 »
»	19 20	Quatre tourne-à-gauche nos 3 et 4... *les quatre.*	42 »
»	13	Une allonge nº 4 de 1 mètre......... *la pièce.*	37 »
»	12	Une allonge nº 4 de 2 mètres......... *la pièce.*	46 »
»	12	Une allonge nº 4 de 3 mètres......... *la pièce.*	55 »
»	12	Une allonge nº 4 de 4 mètres......... *la pièce.*	64 »
»	12	Six à huit tiges nº 4 de 5 mètres...... *la pièce.*	73 »
»	12	Une tige-raccord nos 3 et 4 de 5 mètres, *la pièce.*	94 »
»	12	Un raccord nos 3 et 4 de 1 mètre...... *la pièce.*	45 »
»	12	Trois à cinq tiges nº 3 de 5 mètres... *la pièce.*	99 »
»	3.4	Deux trépans nº 3, 1 plat et 1 à gouges de 200 millimètres de diamètre............. *les deux.*	396 »
I	5	Une tarière ouverte nº 3 de 190 millim. de diamètre.......................... *la pièce.*	201 »
»	7	Une tarière rubannée nº 3 de 190 millim. de diamètre........................ *la pièce.*	140 »
»	8	Une soupape à clapet nº 3 de 180 millim. de diamètre........................ *la pièce.*	235 »
III	3	Tuyaux de 210 millim. de diamètre par bouts de 1, 2 ou 4 mètres....... *le mètre courant.*	32 »
»	6	Boulons d'assemblage (20 par jonction), *le cent.*	20 »
I	3.4	Deux trépans nº 3, 1 plat, 1 à gouges de 155 millimètres de diamètre.............. *les deux.*	316 »

PLANCHES	FIGURES	DÉSIGNATION DES OUTILS	PRIX approximatifs	
			fr.	
»	5	Une tarière ouverte n° 3 de 150 millim. de dia-mètre............................... *la pièce.*	161	»
»	8	Une soupape à clapet n° 3 de 140 millim. de dia-mètre............................... *la pièce.*	182	»
	9	Une soupape à boulet n° 3 de 140 millim. de dia-mètre............................... *la pièce.*	201	»
III	3	Tuyaux de 165 millim. de diamètre par bouts de 1, 2 ou 4 mètres......... *le mètre courant.*	26	»
»	6	Boulons d'assemblage (12 par jonction), *le cent.*	20	»
I	27	Une caracole n° 3..................... *la pièce.*	58	»
»	28	Une cloche à vis n° 3.................... *la pièce.*	126	»
»	23	Une poulie et son axe de 420 millim. de diam., ... *la pièce.*	86	»
».	»	Une chaîne-câble de 15 mètres, de 18 millim., ... *la pièce.*	90	»
III	17	Un treuil n° 3 complet avec roue de rechange, ... *la pièce.*	955	»
»	1	Une chèvre à 4 montants de 6 mètres 50 de hau-teur................................. *la pièce.*	345	»
»	»	Ferrures de la chèvre à construire sur place, ... *la pièce.*	58	»
V	3	Ou bien on commande la chèvre de 6 mè-tres 50, du prix de.......................	920	»

I. — Sondages de 100 mètres, Sonde n°s 2-3.

PLANCHES	FIGURES	DÉSIGNATION DES OUTILS	PRIX approximatifs	
I	21	Une tête de sonde n° 3............... *la pièce.*	40	»
»	16	Une clef de relevée n°s 2 et 3......... *la pièce.*	126	»
»	14	Une esse à brides n° 2................. *la pièce.*	35	»
»	18	Une clef de retenue n°s 2 et 3... ... *la pièce.*	39	»
»	24	Un manche de manœuvre n° 2........ *la pièce.*	69	»
»	19 20	Quatre tourne-à-gauche n°s 2 et 3... *les quatre.*	68	»
»	13	Une allonge n° 3 de 1 mètre........... *la pièce.*	55	»
»	12	Une allonge n° 3 de 2 mètres.......... *la pièce.*	66	»
»	12	Une allonge n° 3 de 3 mètres......... *la pièce.*	77	»
»	21	Une allonge n° 3 de 4 mètres......... *la pièce.*	88	»
»	21	Dix tiges n° 3 de 6 mètres.......... *la pièce.*	110	»

PLANCHES	FIGURES	DÉSIGNATION DES OUTILS	PRIX approximatifs
			fr.
«	12	Une tige-raccord nᵒˢ 2 et 3 de 6 mètres, *la pièce*.	128 »
»	12	Un raccord nᵒˢ 2 et 3 de 1 mètre..... *la pièce*.	58 »
»	12	Quatre tiges nᵒ 2 de 6 mètres........ *la pièce*.	157 »
»	3.4	Deux trépans nᵒ 2, 1 plat, 1 à gouges de 250 millimètres de diamètre............. *les deux*.	500 »
»	5	Une tarière ouverte nᵒ 2 de 240 millim. de diamètre...................... *la pièce*.	260 »
1	8	Une soupape à clapet nᵒ 2 de 230 millim. de diamètre...................... *la pièce*.	295 »
»	3.4	Deux trépans, 1 plat, 1 à gouges de 200 millim. de diamètre.................. *les deux*.	425 »
»	5	Une tarière ouverte nᵒ 2 de 190 millim. de diamètre...................... *la pièce*.	214 »
»	8	Une soupape à boulet nᵒ 2 de 180 millim. de diamètre...................... *la pièce*.	292 »
III	3	Tuyaux de 210 millim. de diamètre par bouts de 1, 2 ou 4 mètres........ *le mètre courant*.	32 »
»	6	Boulons d'assemblage (20 par jonction), *le* .... *cent*.	20 »
1	3.4	Deux trépans nᵒ 2, 1 plat, 1 à gouges de 155 millimètres de diamètre............. *les deux*.	340 »
»	5	Une tarière ouverte nᵒ 2 de 150 millim. de diamètre...................... *la pièce*.	180 »
»	7	Une tarière rubannée nᵒ 2 de 150 millim. de diamètre...................... *la pièce*.	115 »
»	8	Une soupape à clapet nᵒ 2 de 140 millim. de diamètre...................... *la pièce*.	206 »
»	9	Une soupape à boulet nᵒ 2 de 140 millim. de diamètre...................... *la pièce*.	225 »
III	3	Tuyaux de 165 par bouts de 1, 2 et 4 mètres, ... *le mètre courant*.	26 »
»	9	Rivets d'assemblage (12 par jonction), *le cent*.	6 »
»	10 11	Un rivoir avec manchons pour tuyaux de 165, ... *la pièce*.	207 »
1	20	Une caracole nᵒ 2..................... *la pièce*.	69 »
»	28	Une cloche à vis nᵒ 2............... *la pièce*.	155 »
»	33	Une poulie et son axe de 500 millim. de diamètre...................... *la pièce*.	120 »
»	»	Une chaîne-câble de 20 mètres, de 20 millim., ... *la pièce*.	150 »
»	17	Un treuil nᵒ 2 complet avec roue de rechange, ... *la pièce*.	1.590 »

PLANCHES	FIGURES	DÉSIGNATION DES OUTILS	PRIX approximatifs
			fr.
»	6	Une poupée de levier n° 3 et ferrures de levier, ... *la pièce.*	308 »
»	2	Chèvres à chapeau à 4 montants en bois de 8 à 9 mètres de hauteur (se construit toujours sur place)....................	» »
»	»	Ou bien on commande ce même type en fer, prix variable...............................	» »

K. — Puits instantanés.

PLANCHES	FIGURES	DÉSIGNATION DES OUTILS	PRIX approximatifs
V	7-8	Mouton avec tenons.................. *la pièce.*	38 »
»	»	Couronne en acier.................... *la pièce.*	24 »
»	»	Jeu de coins........................ *la pièce.*	17 »
»	»	Chape à double poulie .... *la pièce.*	40 »
»	»	Pompe.............................. *la pièce.*	52 »
»	»	Tube-pointe crépiné d'un mètre de longueur, diamètres : $\{$ 42 $^{m/m}$ *la pièce*........	23 »
»	»	49 $^{m/m}$ —	32 »
»	»	Tubes à vis, diamètres : $\{$ 42 $^{m/m}$ *le mètre*.....	6.50
		49 $^{m/m}$ —	7.75

FIN

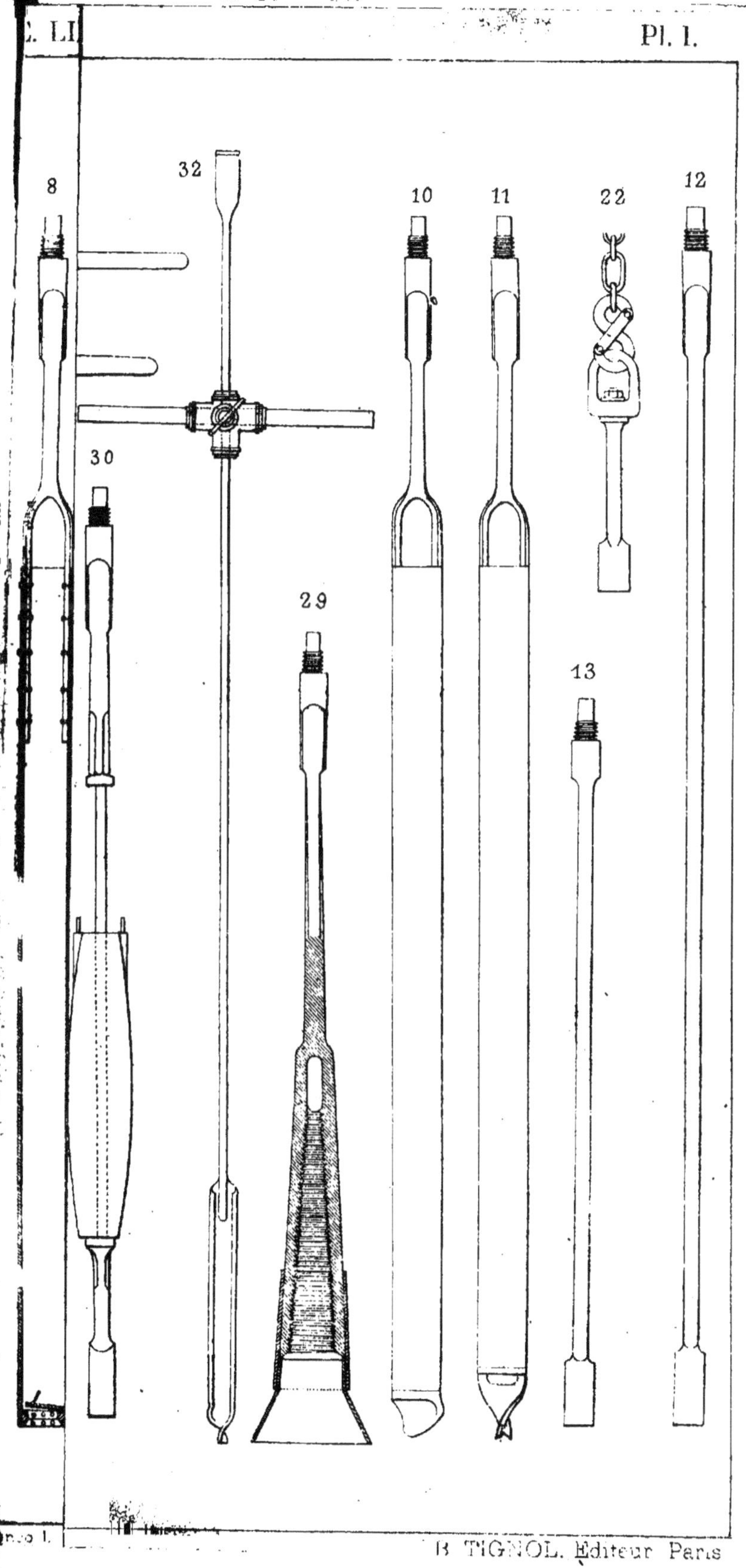
Pl. 1.
8
32
10
11
22
12
30
29
13
B. TIGNOL. Editeur Paris

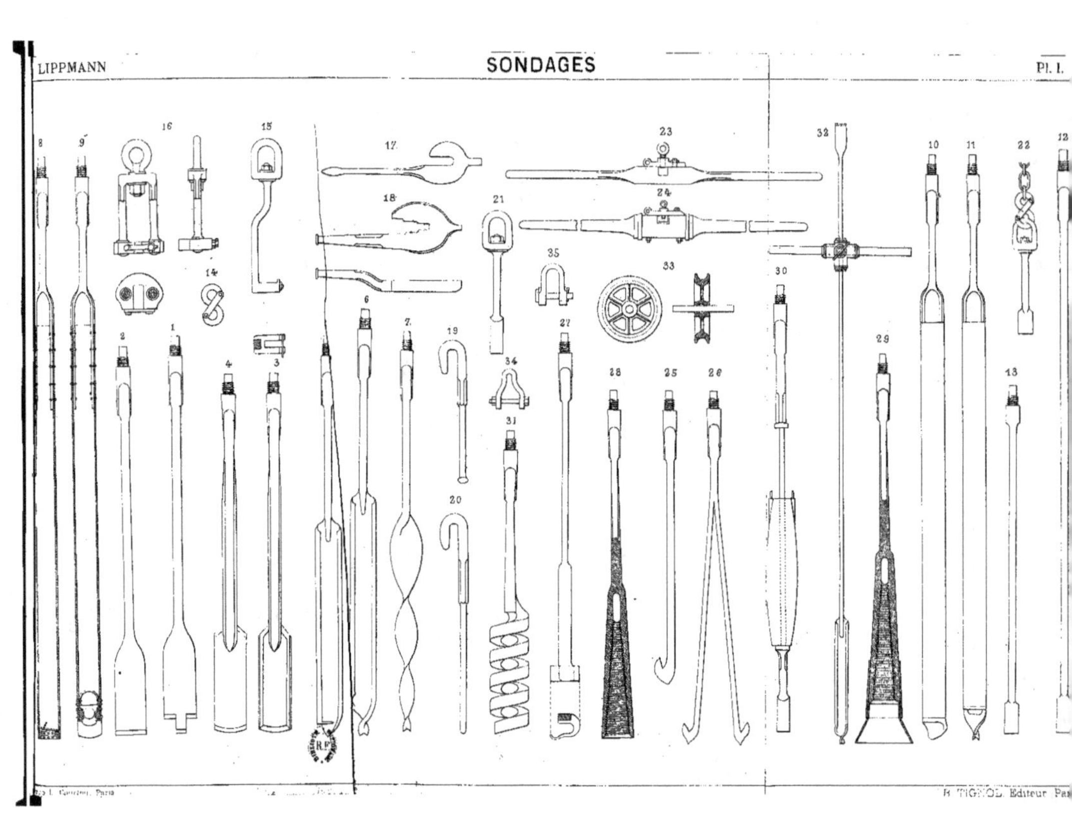
8
9
16
15
14
17
18
21
35
23
24
33
32
30
10
11
22
12
2
1
4
3
6
7
19
34
27
28
25
26
13
31
20
29

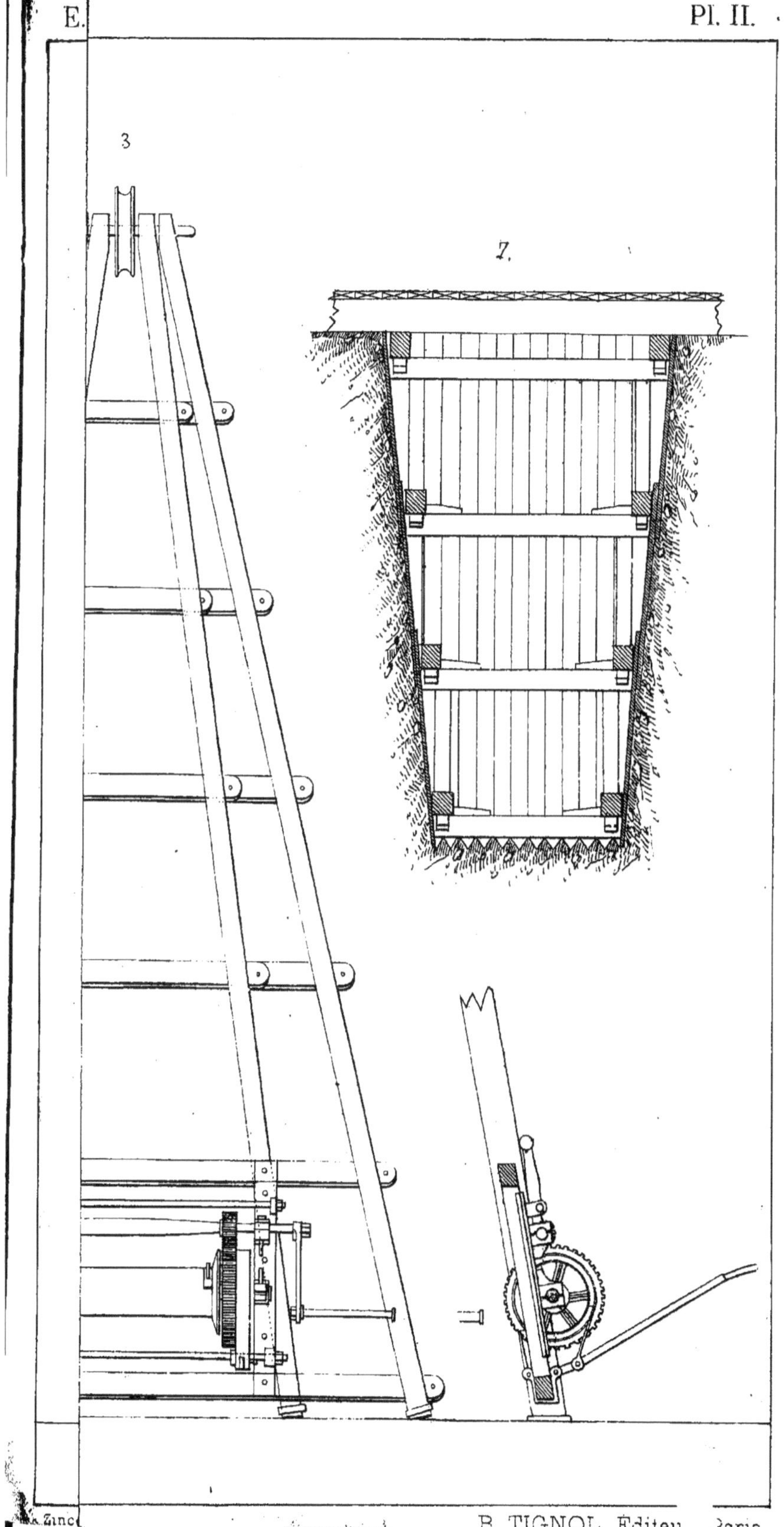
3.
7.
Zinc
B. TIGNOL, Éditeur. Paris

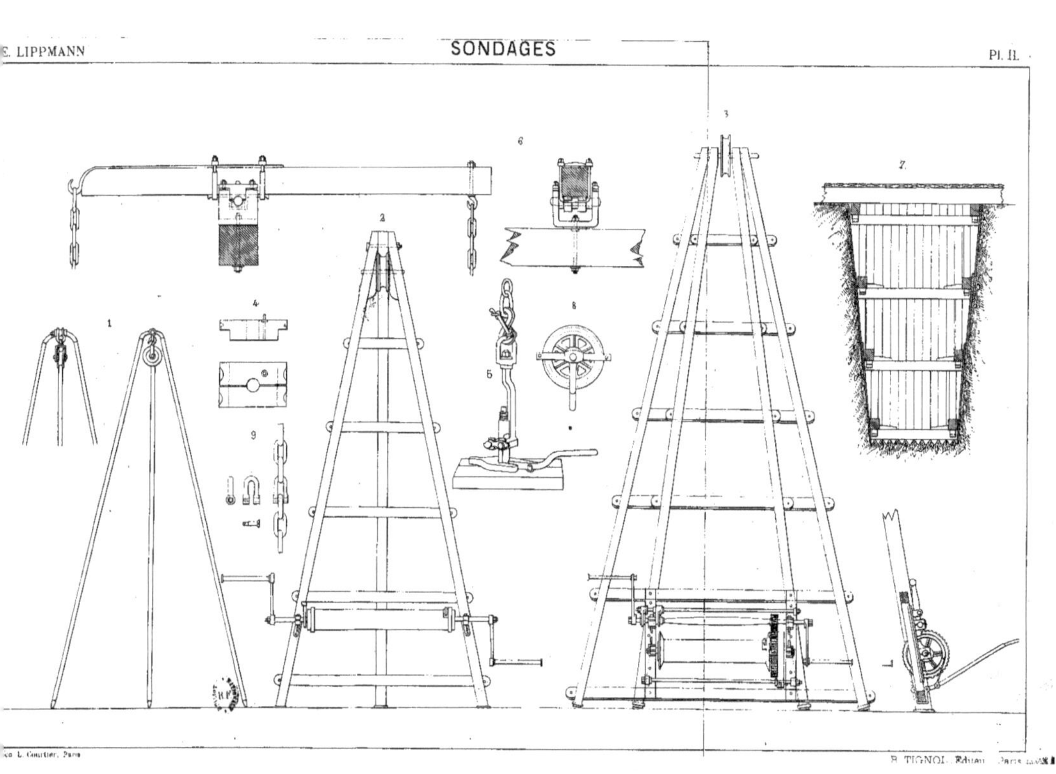
1
2
3
4
5
6
7
8
9

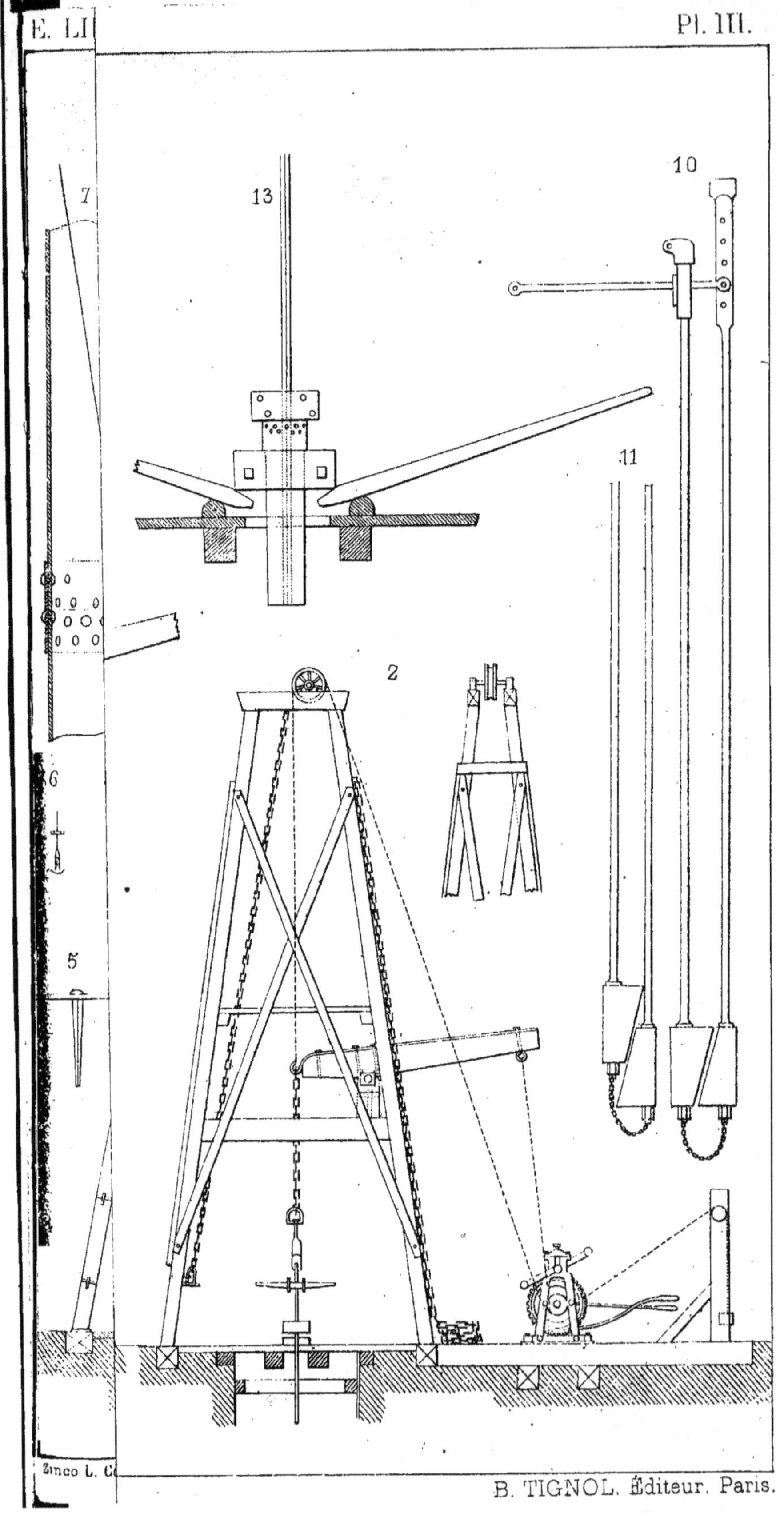

B. TIGNOL, Éditeur, Paris.

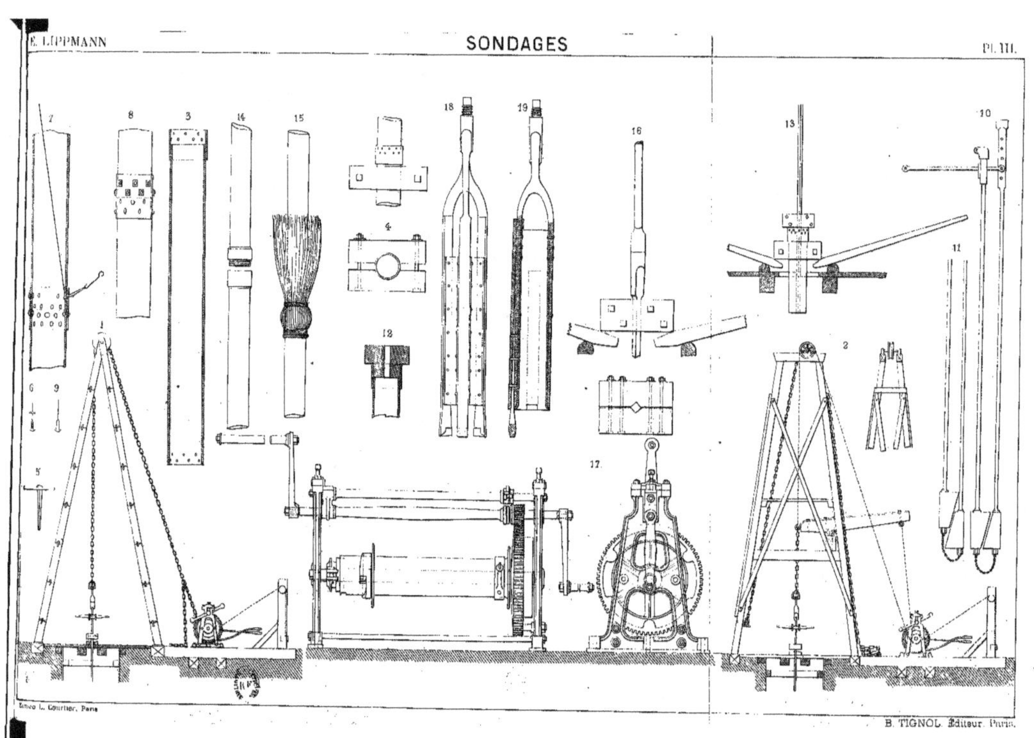

B. TIGNOL, Éditeur, Paris.

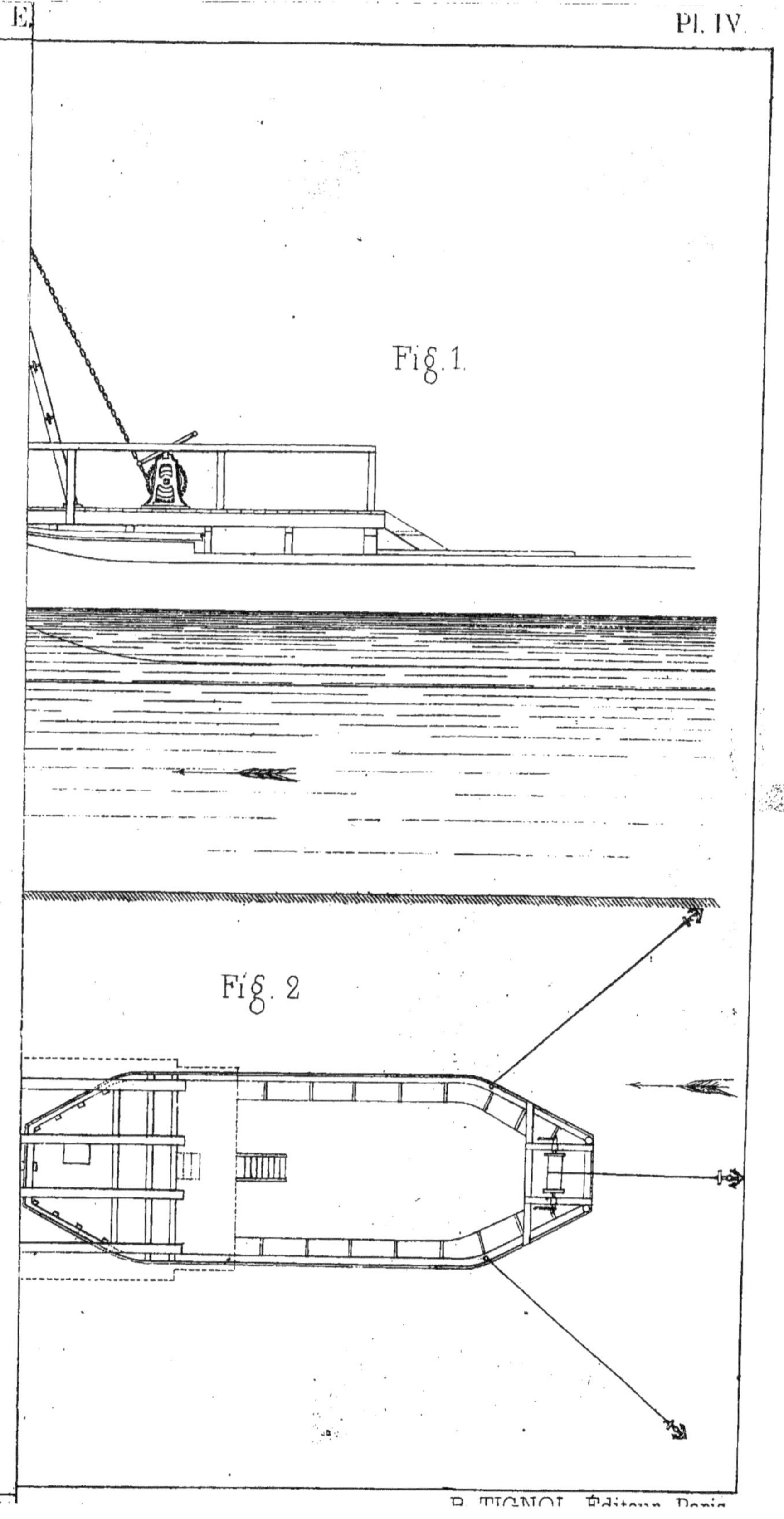
E
Fig. 1.
Fig. 2
R. TIGNOL, Éditeur, Paris.

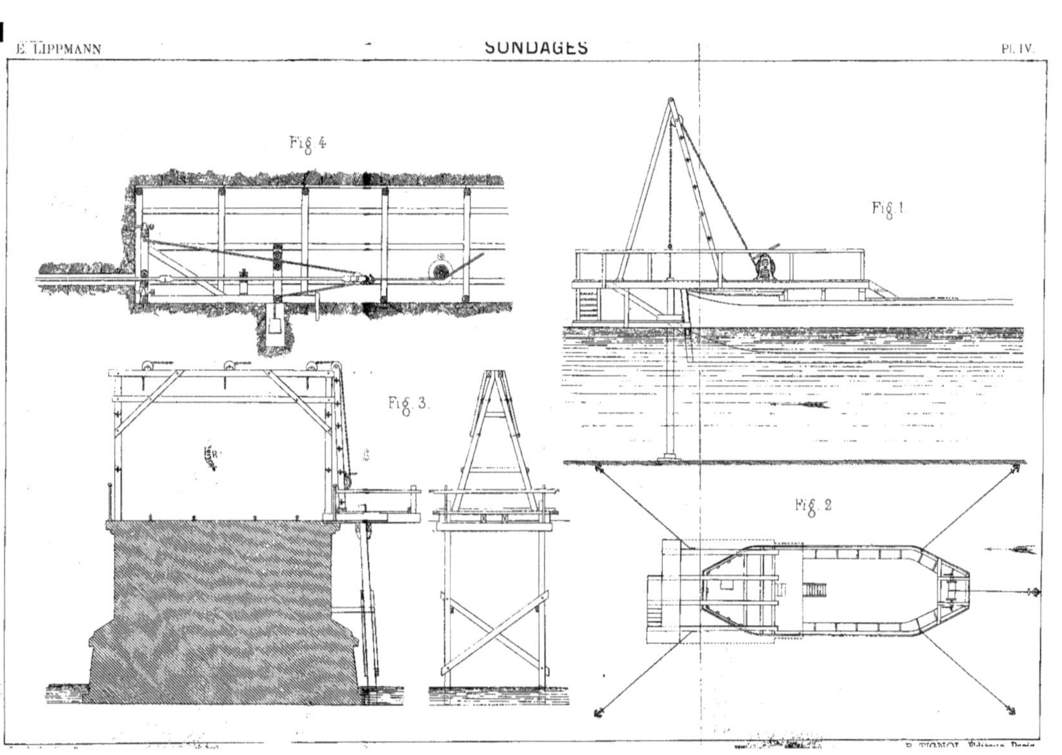
Fig. 4.
Fig. 3.
Fig. 1.
Fig. 2.

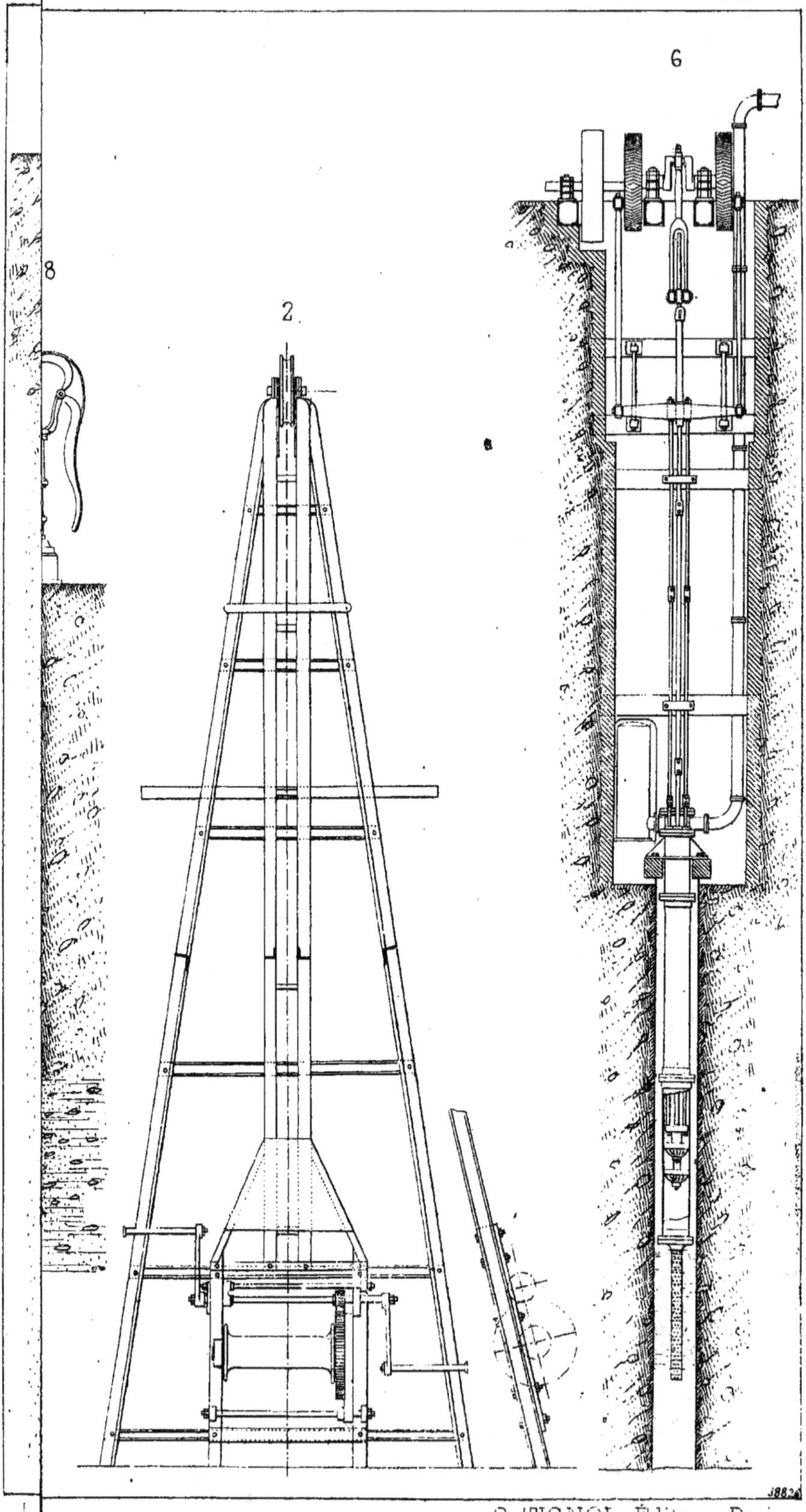

E.
Pl. V.
6
8
2
18826

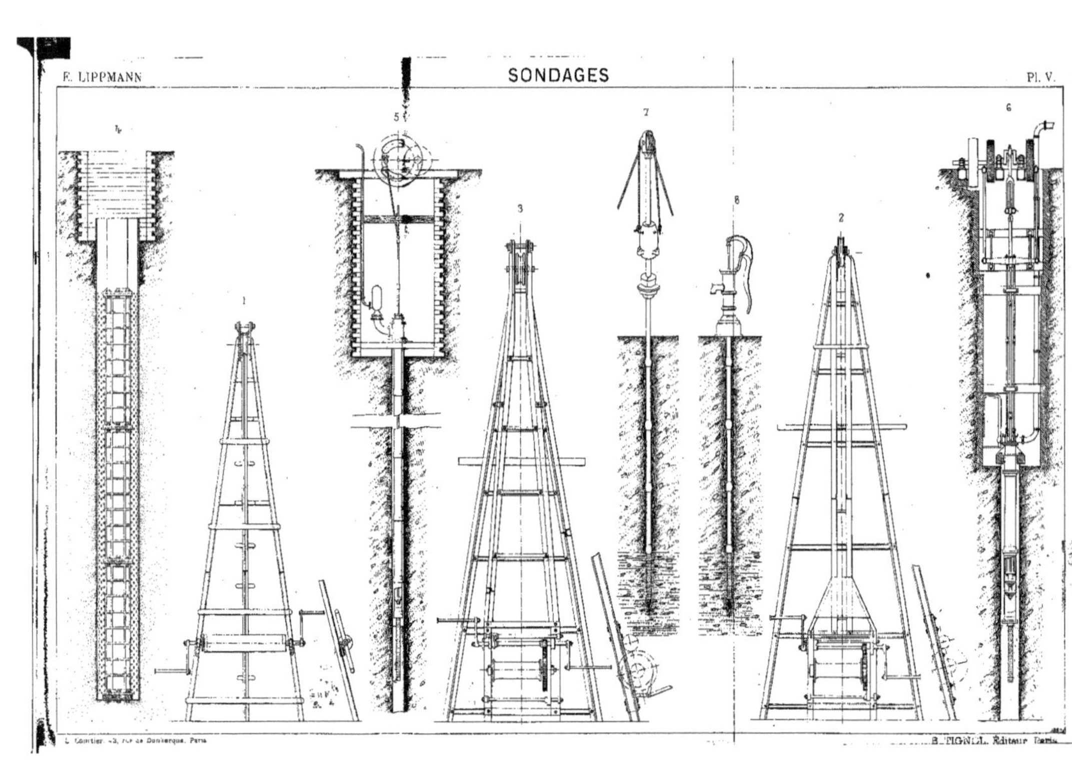

TABLE DES MATIÈRES

Pages.

ÉMILE COLIN, IMPRIMERIE DE LAGNY (S.-ET-M.)

PARIS

LIBRAIRIE BERNARD TIGNOL

53 BIS, QUAI DES GRANDS-AUGUSTINS